水资源优化配置耦合模型及应用

贾艳辉　著

黄河水利出版社

·郑州·

内 容 提 要

本书将传统的优化模型和水资源模拟模型相协调构建了形式统一的耦合模型,针对灌区水资源优化配置的热点问题,分别对纯井灌区的井群布局优化、井渠结合灌区的多水源时空布置优化和旱涝交替灌区的灌排工程设计参数优化进行了研究。

本书应用案例可供灌区水资源管理及相关科技人员阅读参考。

图书在版编目(CIP)数据

水资源优化配置耦合模型及应用/贾艳辉著. —郑州:黄河水利出版社,2021.10
ISBN 978-7-5509-3131-2

Ⅰ.①水… Ⅱ.①贾… Ⅲ.①水资源–资源配置–耦合模–研究 Ⅳ.①TV213.4

中国版本图书馆 CIP 数据核字(2021)第 205274 号

组稿编辑:王路平 电话:0371-66022212 E-mail:hhslwlp@ 126. com

出 版 社:黄河水利出版社 网址:www. yrcp. com
地址:河南省郑州市顺河路黄委会综合楼 14 层 邮政编码:450003
发行单位:黄河水利出版社
发行部电话:0371-66026940、66020550、66028024、66022620(传真)
E-mail:hhslcbs@ 126. com
承印单位:广东虎彩云印刷有限公司
开本:890 mm×1 240 mm 1/32
印张:4. 625
字数:130 千字
版次:2021 年 10 月第 1 版 印次:2021 年 10 月第 1 次印刷

定价:40. 00 元

前　言

灌溉水资源管理是灌区管理最重要的组成部分,水资源优化配置是资源水利的核心,是缓解水资源供需矛盾最经济、时效性最好的方法,是研究资源水利的重要技术手段;对灌排工程布局进行合理调整和运行管理优化可以提高工程效率与效益,实现灌区水土资源的高效持续利用。水资源模拟模型可以对灌区水资源系统的空间分布特征及其动态过程进行较好的描述,并能根据设定的情景进行灌区水资源系统动态模拟预测,但却不能求解灌区水资源优化配置问题。如果能结合水资源优化配置模型和水资源模拟模型的优点,把水资源模拟模型嵌入灌区水资源优化模型中,建立水资源配置耦合模型,对水资源系统在时-空四维系统内进行高分辨率描述的基础上进行优化配置,则可以更精确、直观地求解灌区水资源时空优化配置问题。

本书将传统的优化模型和水资源模拟模型相协调构建了形式统一的耦合模型,针对灌区水资源优化配置的热点问题,分别对纯井灌区的井群布局优化、井渠结合灌区的多水源时空布置优化和旱涝交替灌区的灌排工程设计参数优化进行了研究,对于不同问题选择不同的目标函数,嵌入不同的模拟模型,并选择适宜的优化方法求解得到最优结果。通过构建耦合模型并对三个典型的水资源优化配置问题进行应用,结果表明水资源优化配置耦合模型的建立和求解对于完善灌区水资源管理理论,提升灌区水资源管理水平,促进工程水利向资源水利的转变具有理论与现实意义,对水资源优化配置问题及其他领域耦合模型的建立也具有一定的参考价值。

　　本书出版得到了河南省人民胜利渠管理局、通辽市水利勘察设计院等单位的大力支持和帮助,且提供了案例资料。另外,本书在编写过程中还引用了大量的参考文献。在此,谨向为本书的完成提供支持与帮助的单位、所有研究人员和参考文献的原作者表示衷心感谢!

　　由于作者水平有限,书中难免存在不妥之处,敬请读者朋友批评指正。

作　者

2021 年 8 月

目　录

第 1 章　绪　论

1.1　研究背景及意义

灌区农业生产对于保障国家粮食安全和维持社会稳定具有重要的作用,截至 2019 年,我国已建成大型灌区 459 处、中型灌区 7 300 多处、小型灌区 1 000 多万处[1]。我国灌溉农业耕地面积已达到耕地总面积的 50%,生产的粮食作物和经济作物产量分别超过全国总产量的75% 和 90%,是区域经济发展的重要支撑,同时灌区承担着实现区域水资源优化配置、综合开发利用和节约保护水资源的任务[2-3]。

水资源优化配置是资源水利的核心,是缓解水资源供需矛盾最经济、时效性最好的方法,是研究资源水利的重要技术手段[4]。灌区水资源合理配置是流域或区域水资源合理配置的重要方面[5],是人类可持续开发和利用水资源的有效调控措施之一。在水资源不足,特别是水资源过度开发和资源性缺水的地区,借助水资源优化配置模型,综合利用相关理论与方法和科学合理开发有限水资源,不仅可以缓解因水资源不足导致的供需矛盾,而且可以最大限度地发挥水资源的社会效益、经济效益和环境效益[6]。对于水资源短缺的我国乃至世界经济的可持续发展及改善生态环境和水环境质量具有重要意义。水资源系统是一个多维复杂的大系统,要对其进行分析就不可避免要进行概化,但目前的灌区水资源优化配置中,一般把灌区水资源系统简化成一个或几个代数方程,对灌区水资源系统的动态过程及水资源分布特征的描述较简单,如灌区地下水系统一般使用一个变量描述地下水总量而没有地下水位分布及水位动态过程。随着水资源优化配置问题研究的深入,人们对优化结果的要求也在提高,希望模型结果尽量保持系统的原貌,保留更多细节,如地表水量、地下水位等物理量的空间分布信息,水量分配也从最初的总水量分配发展到配水过程的优化、水量的空间配置优化等。

　　水资源模拟模型尽管可以对灌区水资源系统的空间分布特征及其动态过程进行较好的描述,并能根据设定的情景进行灌区水资源系统动态模拟预测,但却不能求解灌区水资源优化配置问题。如果能结合水资源优化配置模型和水资源模拟模型的优点,把水资源模拟模型嵌入灌区水资源优化模型中,建立水资源配置耦合模型,则可以更精确地求解灌区水资源时空优化配置问题。

　　另外,不同类型的灌区工程布局及其运行管理模式均有所不同,针对井灌区井群布局优化问题、井渠结合灌区井渠联合调度问题及旱涝交替灌区田间排水系统设计问题分别进行系统分析,构建形式上统一、通用性较强的灌区水资源优化配置耦合模型,通过优化完善求解方法提出优化结果,对于完善灌区水资源管理理论,提升灌区水资源管理水平,促进工程水利向资源水利的转变具有理论与现实意义,对水资源优化配置问题及其他领域耦合模型的建立也具有一定的参考价值。

1.2　国内外研究现状

　　在灌区水资源优化方面,国内外学者做了大量的工作,本节将从不同类型灌区水资源优化配置模式和灌区水资源优化配置方法两个角度进行文献回顾。

1.2.1　灌区水资源优化配置模式

　　灌区水资源优化配置理论从井群布局优化、地下水与地表水联合调度和排水系统优化等三方面的典型水资源优化配置展开,具体如下。

1.2.1.1　井群布局优化

　　井群布局理论源于达西定律,这一定律被国内外相关领域学者认定为定量认识地下水的开始,也是地下水流运动规律相关研究的理论基础;裘布依(J. Dupuit)在达西研究基础上,分别以潜水井和承压水井为研究对象,分析了不同水井周围地下水运动过程,构建了稳定井流模型,对于井流运动理论研究以及促进生产发展发挥了重要作用[7-8]。井群布局优化问题就是在达西定律和裘布依井流模型基础上发展起来的。常见的有观测井群优化和提水(油)井群优化两类问题。

观测井群优化问题一般是以最少的观测井数量达到较好的区域地下水位分布观测精度为目标,如罗金耀、邱元锋等[7]、孟祥帅[8]及刘志峰等[9]的研究。其中,罗金耀、邱元锋等及孟祥帅使用了 Kriging 方法,刘志峰等使用了模糊决策模型,考虑了抽水试验具体的水文地质条件,所得结果更贴近真实情况。

提水(油)井渠优化问题是在区域内通过调整各机井位置,达到减小机井间相互影响的目的。最初使用经验公式计算灌区内的机井数量、最小井距等参数,之后把运筹学的方法引入井渠布局优化问题中可以使用运筹学方法优化机井间距、数量,发展到目前使用评价及数值模拟等方法计算合理的机井间距问题。

井数量、井距及机井密度等问题研究较早,目前的工程规划设计中一般也参照这种方法,如王红雨等[10]、胡艳玲等[11]、石作福等[12]、宋艳芬等[13]、陶帅等[14]的研究。其中,王红雨及段玉德的研究较早,给出了承压井和潜水井的合理单井灌溉面积等参数的计算方法,并给出了经验取值;胡艳玲等、石作福等的研究中以单井控制面积法和开采模数作为基础计算区域的机井数量;宋艳芬等的研究不仅讨论了机井的合理布局问题,还对井型、井孔、井径的选择与优化匹配及农用机井节能、节水技术措施等问题进行了探讨;陶帅等结合采油区的具体条件,提出了合理的井距。

运筹学方法是把系统工程技术与井群布局问题结合,调整井群的相关设计参数使目标函数达到最优。如张远东等应用 0-1 整数规划方法建立了北京密怀顺平原区拟建水源地最优布井的地下水管理模型,采用响应矩阵法将地下水模拟模型和管理模型相耦合,运用分支定界法求出最优井位[15]。王艳芳运用动态规划原理,建立了以井灌区机井运行费用最小为目标的多阶段优化模型,对宁夏井灌(排)区进行了优化计算,得到了高效的机井运行调度方案[16]。陶国玉等以藁城县为对象,把机井布局和井、泵、机配套作为一个整体,使用含有参数的非线性规划方法,以灌溉费用最小为目标,求出了最优的机井布局和井、泵、机配套方案及灌溉效益最大时的作物布局方案[17]。

李彦刚等[18]、Wang 等[19]、吴丹等[20-21]都使用了适应性评价方法对井群布局问题进行了优化计算,以利于灌区合理开发利用水资源。其中,吴丹等的研究还结合了运筹学模型,以河北省保定市两镇土地整治建设项目区为例,以适宜布设机井的空间坐标为决策变量,以 MMSD 为优化准则,将机井空间距离、灌区机井布设数量、优先级别选为约束条件,构建了适用于平原区机井空间布局优化模型,借助 MATLAB 和 ArcGIS 软件,实现了机井的优化布设。

数值模拟方法是随着现代计算机技术的高速发展而广泛应用的,如张伟、Chen、张嘉星等的研究。其中,Chen 等应用模拟方法优化了地热系统多井布置设计[22];张嘉星应用 ArcGIS 及 MODFLOW 对人民胜利渠灌区的机井布局进行了优化[23];张伟等使用 MODFLOW 对坎儿井地下水系统进行了探讨[24]。

上述对机井空间布局的探讨,通常使用几何方法应用 MMSD 准则对小区的机井位置进行优化,这种方法一般不考虑研究小区的补给排泄情况及水文地质参数的空间变化,存在较大的偏差,难以满足现代水利管理对机井布局精细化管理的要求。

1.2.1.2　地下水与地表水联合调度

井渠结合是指通过对地下水与地表水进行联合统一调度,达到对作物的适时灌溉(供水)及水资源可持续利用的目的。井渠结合问题一般对地下水与地表水的调度参数进行优化计算,最后得到用水比例、时间、分布等。探讨井渠结合问题的方法有运筹学方法、数值模拟方法及大系统分解协调理论等。

运筹学方法是较早应用于井渠结合问题的,根据使用的目标函数及约束条件可分为线性规划方法,如霍洪元[25]、李彦刚等[26];非线性规划方法,如杨慧丽[27];多目标规划方法,如张巧玉[28]、Ye Quanliang 等[29];随机规划(区间规划)方法,如 Fu Qiang 等[30]、王航等[31]。霍洪元以三江平原地区为例,以地下水储量变化最小为目标应用线性规划模型探讨了地表水和地下水联合调度方案,防止地下水位持续下降[25]。李彦刚等以宝鸡峡灌区为例,以灌区经济效益最大为目标,应用线性规划模型探讨了地表水与地下水联合调度方案及作物种植结构、灌溉方式,可起到以丰补枯、涵养地下水源、缓解水资源供需矛盾的作用[26]。杨慧丽以开封市农业灌溉用水为例,以增产效益最大为目标,应用非线性规划方法探讨了全灌区地表水和地下水联合调度问题,合理布局地下水开采量并提高了水资源利用效率[27]。张巧玉针对地表水与地下水具有多次相互转化、可重复利用及其存在显著时空差异的特点,将混沌优化算法引入作物灌溉制度优化设计,构建了地表水与地下水联合调度的多目标模型,对石津灌区进行了地表水与地下水联合应用的优化计算[28]。Ye Quanliang 等以北京市为例,针对北京市实际用水和虚拟水资源优化配置问题建立了多目标优化模型,为水资源管理提出了合理建议[29]。Fu Qiang 等以黑龙江省佳木斯市为例,针对农业多水源优化配置问题,引入区间数和随机变量来表示不确定性的农业多水源优化配置模型[30]。王航等以武威市民勤县红崖山灌区为例,在水资源优化配置中考虑了降水量的不确定性问题,以净效益最大为目标函数,对地表水和地下水联合灌溉进行了优化计算[31]。

地下水与地表水联合调度的模拟方法是对水资源系统建立数学物理方程,再通过数值方法进行求解,一般可以得到水量、水位、流量、水质等属性时间及空间的分布信息。例如,Young 等将地下水开采与河流流量的关系应用于地下水系统物理模型[32]。为了探索地下含水层与河流间的水力联系,Maddock 等应用响应函数进行了模拟研究[33]。陈大春分析研究了不同情景下灌区农业、生态环境供水、作物种植结构调整等问题,并以新疆焉耆盆地为例,提出保障博斯腾湖水环境条件下,焉耆盆地水源地开发、灌区作物种植结构优化、各灌区水资源配置方案[34]。罗育池等探讨了地表水-地下水联合水功能区划的原则、程序与方法,指出地表水与地下水的联合水功能区划对地表水与地下水的统筹规划、合理开发与整体保护均具有十分重要的意义[35]。高玉芳等根据沿海地区实际情况,建立了集成地理信息系统、数据库技术以及水资源系统模拟优化等技术的灌区地表水和地下水联合调配管理信息系统[36]。鲍卫锋等从地表水和地下水联合运用的角度对济南市用水需求进行了预测,提出区域水资源地表水和地下水联合运用模拟模型,最后确定各计算区最优水资源调度方案[37]。徐小元等以北京市再生水灌区为研究对象,提出了再生水灌区水资源联合调度的数学模型,采用逐时段动态分析的方法,提出典型年北京市再生水灌区水资源的配置方案,实施该方案可有效缓解灌区地下水过量开采的问题,同时提高了灌区的灌溉保证率[38]。叶勇等以沈阳市辽河支流长河-羊肠河流域为例,提出以地表拦蓄及生态修复与地下水库相结合的水资源开发新模式,经过情景模拟分析,结果表明此模式可提高供水保证率[39]。曲兴辉以石佛寺水库枢纽一期工程为例,建立了适用于平原水库与地下水库的联合调度模型,并以管理结果对调度模型模拟结果进行了检验,在此基础上分析了不同时段地下水均衡状态以及地下水埋深的时空变化规律[40]。杨丽丽等基于水库与地下水联合运用的耦合模拟模型,建立了基于河道内与河道外生态环境需水及下游灌溉用水需求双重作用的水资源优化调控模型,开发了计算软件,并以沈阳市沈北地区为例进行了实证研究[41]。岳卫峰等以干旱灌区为例,构建了地表水和地下水联合利用耦合模型,并利用该模型分析研究,提出了 2020 年和 2030 年灌区水资源优化配置方案,同时对不同区域的地下水埋深进行了控制[42]。岳卫峰等以引黄水量最小和地下水开采量最大为目标,以用水区地下水位为约束条件,构建了基于适用于引黄灌区的水资源联合利用耦合模型,并利用该耦合模型对灌区水资源利用进行了分析研究,提出了 2020 年和 2030 年灌区引黄水和地下水优化配置方案[43]。Jobst Wurl 等为了规划不同的人工补给方案,使用 MODFLOW2000 软件建立了区域地下水模型[44]。

大系统分解协调理论在地下水与地表水联合调度问题中的应用也

较多,如 Yu 等针对地下水与地表水联合调度问题,应用大系统分解协调方法进行了求解[45]。齐学斌等以商丘试验区为研究对象,对当地水资源现状进行了分析概化,构建了基于大系统分析协调算法的大系统递阶管理模型,并利用该模型模拟试验区引黄水、地下水联合调度,计算了各分区的最优配水量[46]。徐建新等以彭楼灌区为例,基于大系统分解协调理论建立了灌区地表水、地下水联合优化的三层谱系结构模型,在对边界及水源条件确定合理约束基础上,用此模型对彭楼灌区进行水资源优化[47]。褚桂红从灌区作物优化配水模型、地表水-地下水联合调度模型等方面入手,建立了具有三层谱系结构的灌区地表水-地下水联合调配递阶模型,并以涝河灌区为例,利用该模型分析提出了适合灌区不同水文年型的地表水-地下水联合调配模式[48]。李彦彬等构建了基于大系统分解协调、动态规划等方法的地表水和地下水联合调度模型,并利用该模型对彭楼灌区水资源进行了优化配置,制订了区域配水方案[49]。

在井渠结合灌区水资源优化配置研究中,通常将灌区地下水系统抽象为一个或几个代数方程,没有对地下水系统的动态过程及分布信息进行描述或对其描述并不详细,优化结果中大多只给出了地下水的总量,即使有地下水分布情况也相对简单,这样的方法难以满足当前灌区现代化管理的需要。

1.2.1.3　排水系统优化

排水系统优化问题是指通过调整排水系统的设计参数和运行管理模式达到提高排水效果、减少投资及运行费用的目的。方法从早期的经验公式法发展到模拟方法。Brandyk 等讨论了控制排水设计优化技术[50]。Tanji 等讨论了干旱半干旱地区农业排水管理[51]。罗纨等以扬州市江都区昭关灌区为例,通过实地调查,确定研究区不同形式沟塘的分布规律及沟塘与农田逐级详细水力联系,建立了理论分析模型,分别计算考虑与不考虑水力联系两种情况下,塘的污染物去除能力[52]。景卫华等以淮河平原砂姜黑土区为例,利用田间水文模型 DRAINMOD,

模拟分析了不同排水系统布置方案对提高作物产量以及减少农田排水对环境的不利影响等[53-54]。孙玲玉等以削减田间非点源污染和盐渍化程度为目的，基于反距离加权插值法和田间排水模型的水文模块，结合引黄灌区典型地块地下水污染物浓度和田间实际排水情况，探索农田系统中氮磷污染物运移规律和模型在河套灌区的适用性[55]。张登科等以作物产量最大化为目标，利用 DRAINMOD 模型分析研究了不同排水条件下作物产量对系统设计的响应[56]。刘文龙等应用DRAINMOD 模型模拟分析了黄河三角洲地区不同排水系统布置的排水效果[57]。代涛通过控制地下水位等指标对该区排水明沟、暗管、竖井进行规划与设计，并建立了灌区防治土壤次生盐碱化的排水优化模型[58]。王振龙利用五道沟实验站地中蒸渗仪和排水试验区，采用试验法和动态模拟法，分析了排水工程的水文效应，提出了农田排渍标准，作物适宜的地下水埋深，农田排水系统的规格、布置方式及经验公式[59]。李慧伶建立了在田间条件下自然受涝、渍时其相对产量与涝渍综合排水标准的关系模型，得到了模型的各参数，并对圩区除涝排水系统规划的模型及其求解方法进行了研究[60]。Lian Jijian 等以效益为目标，利用城市洪水淹没模拟模型选择不同洪水风险管理的最优方案，不同排水区的淹没范围[61]。Patel 等以城市排水设施为例，对两种雨水排水系统进行了经济分析，得出了地下水补给井的最佳直径[62]。

　　以往研究对排水过程的描述已经较详细，但是在排水工程优化中一般选择埋深和间距的几个值进行计算，然后选择其中最优的值输出，能考虑材料及施工单价对排水工程的埋深和间距进行连续优化的不多；以往研究中考虑单次降水排渍效果及排渍条件下的作物产量较多，使用排渍保证率准则作为约束条件进行排水系统优化的研究不多。这样的方法不能满足灌区排水工程设计的需求。

1.2.2　灌区水资源优化配置方法

1.2.2.1　线性规划

　　线性规划（linear programming）是运筹学较为成熟的重要方法之

一,因为可以使用统一且易于编程的单纯形法求解,其发展速度非常快,应用范围也最广泛。随着线性规划理论研究的深入及在各类科学问题中的应用,从简单的线性规划模型发展到模糊线性规划、随机线性规划及区间线性规划等。Veintimilla-Reyes 等使用线性规划方法对水资源管理系统进行了优化[63]。王振龙用线性规划优化了淮北韦店灌区灌溉年净效益[64]。辛芳芳等使用模糊数学方法处理了目标函数并对都江堰灌区水资源进行了优化配置[65]。崔振才及凌和良等使用模糊约束线性规划模型解决了水资源问题[66-67]。荆海晓等以北运河水环境问题为例,应用线性规划模型优化分配了水环境容量[68]。Charles Gauvin 等针对水库管理问题,引入逐次线性规划算法解决了变水头引入的非凸性问题[69]。Zhang Chenglong 等以黑河流域中游地区为例,同时考虑经济效益和风险使用两阶段混合整数线性规划方法探讨了农业用水管理及区域生态保护问题[70]。Kang Chuanxiong 等使用两阶段线性规划方法探讨了短期水热调度,把线性规划方法应用到非线性、非凸、非光滑优化问题[71]。董一博等以太子河下游段为例,使用一维水质模型及线性规划模型探索了 COD 及氨氮的水环境容量[72]。Arunkumar 等以印度为例,针对降水的不确定性和可利用水资源的时空分布不均匀等问题,应用多目标模糊线性规划方法,分析了具有流域内调水的复杂水库系统综合调度的最优作物方案[73]。Whiteside 等以德克萨斯湖为例,评估了 LP 解的稳定性[74]。Sakellariou 等以皮尼奥斯为例,以最小水资源利用量为目标,利用线性规划结合水文学的方法探讨了当地的作物结构调整问题[75]。Safavi 等以管道购买、铺设和施工成本最小为目标,以管道中的最小和最大允许坡度、速度以及污水排放率等为约束,并把非线性约束转换成线性格式,利用混合整数线性规划对给定布置方案进行了污水管网优化分析[76]。Gaiqiang 等针对农业水管理问题,建立区间参数线性规划模型,并基于两步法提出了一种改进的单步法,达到提高灌溉收益的效果[77]。Ajay 以印度西北部灌溉区为例,针对地下水位上升问题,在模型中引入了地下水成分,使用线性规划模型进行建模求解,结果表明,大麦、芥末和水稻生产面积减少,同时甘蔗、谷子、小麦和棉花种植面积增加,地下水开采量增加,缓解了地下水位上升问题并增加了农业净收入[78]。李晨洋等以红兴隆灌区为例,以系统收益最大为目标,不确定性用区间数、模糊数、随机数等表示,建立区间两阶段模糊随机规划模型,得到最优配水目标值及最优配置水量等配水方案[79]。Leong 等应用多目标线性规划模型探讨了工厂群中的厂间冷却水网络问题[80]。Oxley 等以亚利桑那州为例,基于线性规划提出了一种流域管理区水资源可持续优化配置的方法,探讨了流域水资源管理问题[81]。舒琨以巢湖流域为例,应用模糊线性规划方法探讨了水污染负荷分配问题[82]。

1.2.2.2　非线性规划

非线性规划(nonlinear programming)是具有非线性约束条件或目标函数的数学规划。它能减少线性规划方法对系统的概化,可以更精确地描述水资源系统。但是由模型中包含的非线性条件,一般只能使用迭代、逐步逼近等方法求解。Singh 使用非线性规划模型研究了灌溉用地表水与地下水联合规划问题[83]。熊德琪等以污水处理总费用为目标函数,将模糊集理论引入非线性规划优化中,并利用该方法对沈阳市南部污水排放系统进行了分析研究,优化结果降低了污水处理的总费用[84]。秦肖生等利用遗传算法求解非线性规划模型,对水环境问题的求解进行了探索[85]。冷湘梓等结合一级动力学去污模型建立了人工湿地的非线性规划模型,并对太湖湾污水处理厂人工湿地进行了优化计算[86]。Ahmed Aljanabi 等以伊拉克巴格达 84 个农业农场为例,应用混合整数非线性规划模型探讨了再生水分配问题[87]。Oliphant 等提出了一种求解混合整数非线性规划问题的方法,介绍了求解过程中数值积分的自适应步长策略和惩罚参数的更新策略等[88]。Chagwiza 以布拉瓦约市给水管网为例,应用混合整数非线性规划模型并使用人工智能算法进行求解探讨了配水问题[89]。邓春等针对再生水利用问题,对多个水处理过程再生水网络进行耦合处理,应用非线性规划理论进行建模分析,达到降低总运行成本的目的[90]。Higgins 等以澳大利亚昆士兰州为例,考虑水资源分配系统中的不确定性因素,考虑经济效益、社会效益和环境效益,应用随机非线性规划模型探讨了供水问题[91]。Li 等以东北庆安县和平灌区为例,针对水资源短缺导致的自然资源、社会、经济之间的矛盾,考虑作物增产、节水、供水成本等问题,应用模糊多目标非线性规划模型求解了水稻不同生育期地表水和地下水优化配置问题[92]。Tsang 等用非线性规划技术网格化的配置方法求解了最优控制问题[93]。Oosterhaven 等使用非线性规划方法分析了德国洪水灾害问题[94]。申建建等采用多项式拟合了水位、库容、流量、出力等关系,应用整数非线性规划模型探讨了水电站日负荷优化分配问题[95]。林高松等以污染物削减率最小为目标,应用非线性规划方法探讨了污染负荷优化分配问题,结果表明,非线性规划模型出现"极端化"现象[96]。Ibrić 等以总年度成本最小为目标,应用混合整数非线性规划模型探讨了配水管理问题[97]。Yalcin 等以底格里斯水电站系统为例,应用非线性规划方法在满足流域用水需求的同时,使能量生产最大化[98]。

1.2.2.3 动态规划

动态规划(dynamic programming,DP)属运筹学范畴,是求解决策过程最优化的数学方法。1961 年,Hall 等首次把动态规划法引入水资源问题系统[99],又在随后应用动态规划模型针对包含地表水和地下水的系统确定了各灌溉规模及供水策略等问题[100]。随后,Flinn 等建立了确定性动态规划模型并进行了灌溉季节内的水量分配[101]。王二英等采用动态规划的方法确定了各种作物的灌溉用水定额[102]。余海鸥利用动态规划方法进行水资源优化分配,确定了农业用水与工业用水两阶段的用水量[103]。Anvari 等以伊朗中部高原灌区为例,使用随机动态规划(SDP)模型探讨了灌溉调度问题[104]。Mirabzadeh 等利用有限差分技术,将二维饱和区域地下水流动和溶质运移的偏微分方程离散化,并用动态规划(DP)方法求解所得的代数方程组[105]。Nozhati 等以美国加利福尼亚州吉尔罗伊市为例,利用近似动态规划框架来分配资源[106]。Haguma 等以加拿大魁北克的马尼瓜干水资源系统为例,使用动态规划方法探讨了在流入变化的非平稳气候中水资源系统的管理方案[107]。Hui 等以加利福尼亚州为例,应用随机动态规划模型探讨了自适应水利基础设施规划方法[108]。Bashiazghadi 等使用动态规划方法探讨了污水管网管理问题[109]。Robert 等以印度南部卡纳塔克邦为例,使用动态规划方法探讨了在几种气候变化情景下,农民适应决策对地下水资源利用的短期影响和长期影响[110]。Guisández 等建立了基于随机动态规划和混合整数线性规划的主从算法,考虑每周初水库蓄水量、每周水流量以及平均每周能源价格等 3 个状态变量,基于从属模块具有 1 周的计划周期,并考虑贮水和发电的容量优化了水电站运行管理[111]。Rani 等提出了一种结合动态规划和遗传算法的混合方法来研究单个水库调度,解决了遗传算法容易陷入局部最优和动态规划的维数问题[112]。Saadat 等改进随机动态规划并应用于水库最优调度策略问题,通过随机动态规划和非线性规划优化模块的协同工作,确定接近最优的离散油藏容积值[113]。Pereira 等为了确定评估水和能源系统之间更广泛的相互作用,开发了水和电力系统联合优化的方法,利用随机双动态规划使发电成本最小,并且水分配的效益最大[114]。白涛等以黄河上游河段调水调沙为研究对象,建立了发电量及输沙量最大的多目标模型,应用逐次逼近动态规划算法,在输沙量大幅度增加的同时发电量下降较少[115]。肖杨等构建了离散动态规划模型并应用逐步逼近寻优方法求解,增加了径流式水电厂实时优化调度的发电量[116]。吴京等对发电系统建立动态规划模型,以年发电量最大为目标,针对典型入流过程优化水能调节模式得到最优水电站调度图[117]。范强等应用动态规划探讨了山区河流防洪避难系统的设计[118]。Davidsen 等以华北平原子牙河流域为例,应用随机动态规划方法对用水分配、截流和水处理等的总成本进行分析[119]。Galelli 等应用随机动态规划模型探讨了水文气候数据显著的趋势和随时间变化的均值、方差及滞后相关性对供水水库运行性能的影响[120]。Chase 等应用动态规划方法结合供水网络的物理描述,使用动态规划结合空间分解方案来获得最优控制策略[121]。王丽萍等根据梯级水库群联合优化调度问题的特点构建了串行和并行计算方案,有效减少了多维动态规划算法运行时间长并缓解动态规划的维数灾问题[122]。孙平等针对李仙江流域三库梯级系统,给出了多层嵌套动态规划算法,结果表明,该方法可以减少运行时间[123]。

1.2.2.4 水资源大系统理论

大系统理论(large-scale systems theory)是关于大系统分析和设计的理论,包括大系统的建模、模型降阶、递阶控制、分散控制和稳定性等内容。大系统理论最早是由 Dantzig 和 Wolfe 在 20 世纪 60 年代提出来的,并随后在该方面做了大量的研究工作[124-126]。高延霞应用大系统理论和模糊法探讨了水利水电规划评价问题[127]。刘卫林以南水北调河北段为例,应用大系统理论探讨了多水源、多用户、多保证率的水资源配置问题[128]。随后,Haimes 把大系统分解协调理论应用在联合管理问题中[129]。刘健民等以京津唐地区水资源大系统供水为研究对象,采用大系统递阶分析的原理和方法,分析研究了该地区大系统供水相关规划和调度[130]。袁洪州应用大系统分解协调理论对太湖流域水资源进行了优化配置[131]。陈鹏飞等应用大系统分解协调的原理,分层次建立了水资源优化配置模型,对云南滇池流域周边地区水资源系统进行了优化配置[132]。陈晓楠等基于粒子群的大系统优化模型,对灌区作物灌溉制度进行了优化[133]。苏明珍等以水资源系统多目标优化配置模型为基础,并将改进遗传算法和多目标优化技术融入其中,在此基础上对滕州市水资源优化配置进行模拟研究[134]。王辉等应用大系统模型分解协调法实现各子系统的优化,对焦作市水资源配置进行了优化[135]。

1.2.2.5 耦合模型

耦合模型(coupling model)是指两个或两个以上的模型通过模型间数据的联系进行联合运算的数学方法。最早连接物理模型与管理模型的是模拟方法,Young 和 Bredehoeft 通过模拟方法将含水层、河流与优化模型联系起来,通过概化物理模型为响应函数,建立非线性方程组,迭代求解[136]。翁文斌等用模拟方法研究了多个供水水库与单一地下含水层组成的水资源系统[137]。彭世彰等简化了求解时空优化配水问题的烦琐程度,提高了模拟精度[138]。嵌入法是将物理模型作为约束加入优化模型中,或作为状态转移方程加入依时序决策的动态规划问题中。由于集中参数模型采用简单方程描述物理系统,都能以约束形式嵌入优化模型中,成为物理可行约束[139]。Buras[140-141]和袁宏源等[142-143]的研究成果是该方法的代表成果,但分布参数模型由于形成的代数方程组规模庞大,且随时段增加而增大,一般不易使用这种方法。随着计算机技术的发展,杨金忠等在分布参数模型嵌入耦合方面做了大量工作,为了实现物理系统与优化模型的联合,引入脉冲响应函数与卷积分的概念来表达物理系统对不同管理决策的响应[144-145]。Maddoek 将响应函数(代数技术函数)引入河流含水层系统联合管理相关研究中,使代数技术函数得到了进一步发展[146]。Haimes 等提出了递阶响应函数的概念,并将其应用于地下水不同管理区开采决策等相关科学问题的研究中[147]。Morel-seytoux 等将离散积分核函数及其卷积形式引入河流含水层系统对决策变量的响应,并将该方法在 South Platte 进行了实地应用[148]。Morel-seytoux 在 1986 年对河流系统、含水层系统以及复合系统的离散积分核函数和卷积形式进行了推导,进一步完善了联合调配系统的物理描述,从而耦合了管理模型与动力学模型[149]。Hantush 以集中参数系统的河流含水层联合管理问题为例,通过引入以开采为自变量的河流水量损失函数 SDF,并应用迭加原理反映河流对含水层开采的响应[150]。

1.2.3　研究存在问题

综上所述,在国内外的水利专家、学者的努力下,水资源优化配置问题尽管有了长足发展,水资源优化从小规模发展到大规模,目标函数也从单一目标发展到多目标的水资源优化配置,对水资源高效可持续利用起到了支撑作用,但尚存一些有待补充完善的问题。

(1)水资源优化配置理论体系不完善。

水资源优化配置理论体系是指针对水资源优化配置建立的理论、方法及其在此基础上形成的完整理论体系。由于水资源系统与自然、经济、社会以及生态环境等众多领域关系密切,各领域的优化配置模型结构、目标函数、约束条件也不完全相同,领域间水资源优化配置尚未形成较为完善的、相对统一的概念、基本原理、分析方法等。

(2)水资源系统过于概化,保留的水量分布信息较少。

水资源系统是一个多维时空系统,由于计算机硬件及软件技术的限制,以往的水资源优化配置研究大多把水资源系统概化为一个或多个代数方程,这样的抽象,减轻建模及求解复杂程度的同时,忽略了水资源系统的动态过程及分布信息。

(3)水资源配置耦合模型中响应函数求解较复杂。

在水资源多模型耦合方法中,嵌入法最为方便直观,可以直接在优化中考虑物理可行性约束,但因其使优化问题规模增大,从而对算法内存提出过高的要求。响应函数法是一种间接方法,要通过运行物理模型求得单位脉冲作用下系统响应,然后在优化模型中通过卷积分表达决策与系统响应的关系。它物理意义明确,其离散形式能使物理约束转化为线性约束,从而使规划问题易于求解,是一种最有生命力的方法。但对于水力联系复杂的联合调配系统,如何推得其响应函数,以及非线性系统中响应函数应用等,仍有待进一步研究。

1.3 研究内容及技术路线

1.3.1 研究内容

根据灌区水资源优化配置的特点,针对井灌区井群布局问题、井渠结合灌区地下水与地表水联合调度问题及旱涝交替灌区排水间距问题,构建形式上统一的水资源配置耦合模型,根据不同类型灌区的优化目标,提出适宜的求解方法、典型灌区的工程合理布局和运行调度模式。具体内容如下:

(1)灌区水资源优化配置耦合模型研究。

在分析灌区水资源优化问题的基础上,总结灌区水资源优化配置模型的目标函数及约束条件,建立形式上统一的针对灌区水资源优化配置问题的水资源配置耦合模型,把水资源模拟模型作为灌区水资源优化配置模型的一个约束条件,并使用优化模型和水资源模拟模型中的公共变量进行参数传递,为完善水资源优化配置理论体系提供技术支持。

(2)井灌区井群优化布局。

考虑灌区的补给排泄情况及水文地质参数的分布,使用机井累积降深最小作为目标,嵌入 MODFLOW 模型对机井抽水过程进行模拟,建立灌区井群优化布局耦合模型,并应用两阶段法对多种井群布局情况进行优化计算。

(3)井渠结合灌区地表水与地下水联合运用。

考虑地表水及地下水的空间分布特征,在灌区水资源可持续利用条件下,以灌区灌溉费用最小为目标,嵌入 MODFLOW 模型对灌区地下水时空动态变化过程进行模拟研究,在此基础上构建适宜于不同灌区的地表水与地下水联合优化调度耦合模型,并应用逐井优化方法对灌区地表水与地下水利用分布情况进行优化计算。

(4)旱涝交替灌区排水系统设计优化。

分别使用单次降水排渍效果及排渍保证率准则作为约束条件,以末级排水系统单位面积投资最小作为目标,嵌入 DRAINMOD 模型对田间暗管排渍过程进行模拟,建立灌区排水系统优化耦合模型,并应用两阶段方法对多种情况的田间排水暗管系统进行优化设计。

1.3.2　技术路线

在分析目前灌区水资源优化配置问题及灌区水资源优化配置模型的基础上,建立统一的灌区水资源优化配置耦合模型框架;选择井灌区井渠优化布局问题、井渠结合区地表水与地下水联合调度问题及旱涝交替灌区排水系统设计优化等问题,在模型框架中分别嵌入相应的水资源模拟模型,并分别选择适合的方法进行求解,技术路线见图 1-1。

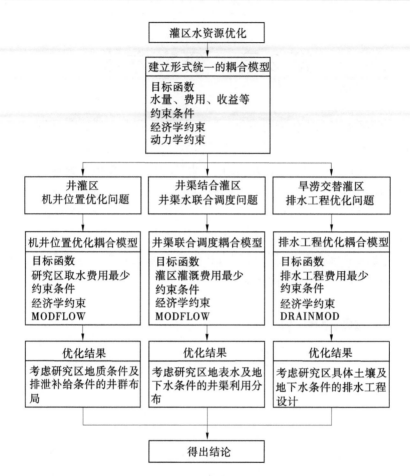

图 1-1 技术路线

第 2 章　　研究方法

灌区水资源优化配置不仅包括取水、用水优化配置,还包括水资源系统综合优化配置。在优化配置过程中,人们不仅对灌溉总费用、作物总产量、灌区总收益、总用水量、地下水平均水位等集中参数感兴趣,同时对作物种植分布、各作物产量分布、灌水量分布、土壤水分分布、地下水位分布等分布参数也感兴趣。同时,考虑灌区各种属性的空间分布,可以更精确、更精细地模拟、优化调度灌区水资源。因此,把灌区水资源优化模型与水资源模拟模型有机结合起来进行灌区水资源优化调度,将能得到更精细的优化结果。

2.1　耦合模型

找出水资源优化模型与水资源模拟模型中的公共变量,把水资源模拟模型当作约束条件嵌入水资源优化模型中,从而得到水资源配置耦合模型。模型求解时,一般应用迭代法,首先把初始条件、边界条件及决策变量初始值代入水资源模拟模型进行模拟,得出结果后代入目标函数计算目标函数值,如果函数值未达到最优值,则改变决策变量值进行下一次迭代,直到计算出最优值。灌区水资源配置耦合模型结构见图 2-1。

2.2　目标函数

目标函数(objective function)是指所优化目标与相关因素(包含决策变量)的函数关系。灌区水资源优化配置的目标函数一般都为灌区灌水量、总产量、灌溉效益、灌溉费用等。如 Ye Quanliang 使用各用水

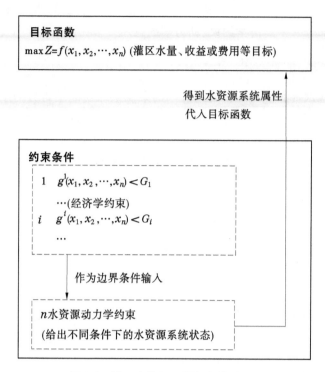

图 2-1　灌区水资源配置耦合模型结构

户分配的水量作为目标[29],王振龙、辛芳芳、康永辉等使用供水效益作为目标[64-65,151],王艳芳使用供水总费用最小作为目标[16],熊德琪等使用水处理费用作为目标[84],崔振才等以水资源承载力为目标[66]。

根据研究问题特点,井灌区井群布置优化问题可用研究区综合取水费用最少作为目标;井渠结合灌区可选用灌区灌溉总费用作为目标函数;旱涝交替灌区排水工程优化问题可选择排水工程的投资最小作为目标。

2.3　约束条件

约束条件(constraint condition)对于决策方案(或决策变量)的各

项限制,常以不等式或方程式的形式出现。耦合模型的约束条件一般分为两部分——经济学约束、动力学约束。

2.3.1　经济学约束

　　灌区水资源优化配置的经济学约束从供需功能上可分为水源、输配水系统、用水单元等三部分,每部分均有各自的特点及约束条件类型,见表 2-1。

表 2-1　灌区水资源优化配置的经济学约束

水资源功能分类	水资源功能单元	约束原因	约束
水源	水库	库容一定	供水量约束
		出水口大小一定	供水流量约束
		水量平衡关系	水量平衡方程约束
	无坝引水	分配水量一定	供水量约束
		引水口尺寸一定	供水流量约束
		河流水位变化	供水流量约束
	地下水	地下水采补平衡	供水量约束
		井数及井流量	供水流量约束
		水量平衡关系	水量平衡方程约束
输配水系统	渠道	各级渠道尺寸坡度	各级渠道输水流量约束
		下级渠道入口高程	上级渠道最小流量(水位)约束
		水量平衡关系	水量平衡方程约束
	管道	各级管道管径	各级管道输水流量约束
		各级管道耐压能力	各级管道压力约束
		水量平衡关系	水量平衡方程约束

续表 2-1

水资源功能分类	水资源功能单元	约束原因	约束
用水单元	生活、工业	需水量 需水时间	需水量约束 需水时间约束
	农田灌溉	需水量 作物耐旱能力、土壤水分状态	灌水量约束 灌水时间约束

2.3.2 动力学约束

灌区水资源优化配置的"动力学约束"与水资源优化配置模型"经济学约束"相对应,表现灌区水资源配置模型中与水流运动(动力)有关的约束条件,一般使用水动力学模型(水资源模拟模型)表示,根据水动力学模型(水资源模拟模型)探讨的问题可分为:自由表面流体、管流、渗流及作物生长动力学等模型。针对本书的三个问题,主要研究抽水、灌溉、排水等对地下水位变化的影响,所以选择 MODFLOW 及 DRAINMOD。下面分别介绍两个模型。

2.3.2.1 MODFLOW

MODFLOW[152]模型,又称模块化三维有限差分地下水流动模型。该模型于 20 世纪 80 年代由美国地质调查局的 McDonald 和 Harbaugh 开发,使用有限差分法模拟三维地下水流动及溶质运移问题。经过近半个世纪的发展与完善,MODFLOW 模型已广泛应用于水利、农业、生态环境以及城乡发展规划等领域。目前,已经发展成为全球范围内应用最为广泛的地下水运动数值模拟软件之一。由于该模型的相关应用程序均为标准软件,不需要对源程序进行特殊改动就可直接应用,为广大用户使用以及用户之间的交流提供了方便。所以,它已经被世界上许多官方和司法机构所认可。其数学模型如下:

$$\frac{\partial}{\partial x}(K_{xx}\frac{\partial h}{\partial x}) + \frac{\partial}{\partial y}(K_{yy}\frac{\partial h}{\partial y}) + \frac{\partial}{\partial z}(K_{zz}\frac{\partial h}{\partial z}) - W = S_s\frac{\partial h}{\partial t} \quad (2-1)$$

式中：K_{xx}、K_{yy} 和 K_{zz} 为渗透系数在 x、y、z 方向上的分量；h 为水头；W 为源汇项；S_s 为贮水率；t 为时间。

计算机程序求解方程基于有限差分法，在时间和空间尺度上，均被划分成一系列离散点。在所有点上，均由水头差分公式来表征连续的偏导数。通过联合需要求解的未知点构成线性方程组；然后通过求解线性方程组，得到各离散点上水头的近似值。

空间离散就是将定义在三维连续空间（R^3）上的实体划分为多个离散的小部分。在垂直方向上的划分叫作层，层一般根据含水层划分，每一个含水层又在 X 轴和 Y 轴方向上划分为若干行和若干列。这样，一个三维的含水层就被划分为若干个小长方体。剖分出来的每一个小长方体就是一个计算单元（Cell）。每个计算单元的空间位置可以用该长方体所在的行号（i）、列号（j）和层号（k）来表示。如果某一个三维含水层垂直方向上被划分为"nLay"层，而每一层又被划分为"nRow"行和"nCol"列，则 i 称为行下标，j 称为列下标，k 称为层下标，含水层的空间离散见图 2-2。

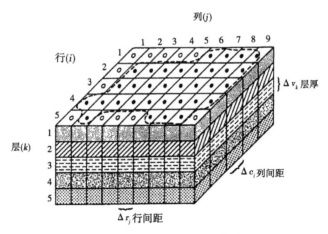

图 2-2 含水层的空间离散[152]

应用上面的离散方法，可以把偏微分方程离散为差分形式，MODFLOW模型的程序结构及相应模块的主要功能见图2-3。对于时

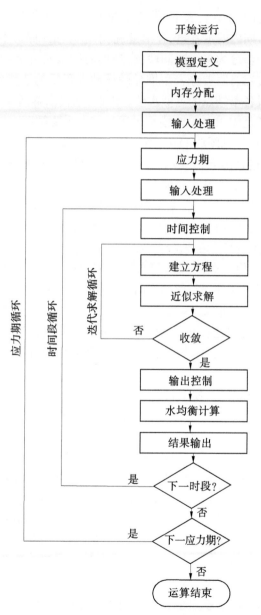

图 2-3 MODFLOW 模型的程序结构及相应模块的主要功能[152]

间(非稳定流问题中),模拟的整个过程划分为多个应力期(stress periods),应力期内的蒸发量、补给量、抽水量等输入保持不变。每个应力期可以进一步分为多个时间段,合适的时间段长度有利于程序迭代的收敛。通过对有限差分方法推导的线性方程组的迭代求解,可以得到所有时间段各个结点的近似水位。因此,迭代求解循环、时间段循环和应力期循环是 MODFLOW 模拟过程的三个主要循环。

在总结构图(见图 2-3)中,模拟过程中的每一个单项任务(独立步骤)都用一个过程(矩形)表示。例如,应力期循环过程之前,程序要首先完成"模型定义""内存分配"和"输入处理"三个步骤,它们是程序运行的前期处理,与整个模拟过程密切相关。"模型定义"过程中,要进行模型类型(是否为稳定渗流)、模型(线性方程组)求解方法、模型模拟时间划分、子程序包的选择等工作。"内存分配"过程中,根据子程序包、模型的规模(剖分方法)等自动分配内存。"输入处理"过程中,程序会自动读入并处理相关的非时变数据。处理的数据主要包括边界条件、导水率、初始水头、渗透系数、给水度、贮水系数、顶面标高及底面标高以及用于控制迭代运算的有关参数等。在执行这个步骤的操作时,MODFLOW 将对某些数据进行处理换算为后面程序运算所需要的数据类型。

"应力期"循环中,模型首先会对时间信息进行处理(应力过程),在这一过程中程序会读入时间段的数目,然后根据总时长及时间段数计算出时间段长度。在"输入处理"过程中,程序会读入应力期的数据,如应力期内的补给量、抽水量等。读入数据后,程序将进入"时间段"循环。"时间段"循环由执行"时间控制"开始,紧接着计算时间段步长,为下一步水头计算前准备初始值。完成上面执行命令后,程序会通过预先设定的计算方法求解不同时间段的水头值。在迭代循环这一步,程序会"建立方程",得到计算公式中的线性方程组。最后,程序会近似求解线性方程组,也就是进行迭代计算。如果在迭代次数小于最大迭代次数时已经收敛,程序会输出各时段各网格节点的水位计流量值,并计算水均衡情况。同时,根据要求打印(生成输出文件)水位、流量、水均衡、误差等信息。

MODFLOW 中的所有程序包以及它们名称的缩写形式(由 3 个字母表示)见表 2-2。表 2-2 中对这些子程序包的作用也做了简单的介绍。这些子程序包可以分为两类——水文地质子程序包、求解子程序包。第一类包括用于计算各单元之间地下水渗流量及用于模拟不同外应力对地下水运动影响的子程序包等,主要是与输入应力有关的,这一类均用于生成线性方程组的系数矩阵。求解子程序包用于对线性方程组求解,称为第二类子程序包。除了以上子程序包,MODFLOW 还包括一个用于完成准备整个模拟基本任务的子程序包,基本子程序包可以进行单位定义、模拟时间划分等。

表 2-2 MODFLOW 子程序包列表

子程序包名称	英文缩写	子程序包功能
基本子程序包	BAS	指定边界条件、时间段长度、初始条件及结果打印方式
计算单元间渗流子程序包	BCF	计算多孔介质中地下水流有限差分方程组各项,即单元间流量和进入贮存的流量
井流子程序包	WEL	将流向水井的流量项加进有限差分方程组
补给子程序包	RCH	将代表面状补给的流量项加进有限差分方程组
河流子程序包	RIV	将流向河流的流量项加进有限差分方程组
沟渠子程序包	DRN	将流向沟渠的流量项加进有限差分方程组
蒸发蒸腾子程序包	ENT	将代表蒸发蒸腾作用的流量项加进有限差分方程组

续表 2-2

子程序包名称	英文缩写	子程序包功能
通用水头边界子程序包	GHB	将流向通用水头边界的流量项加进有限差分方程组
SIP 求解子程序包	SIP	采用强隐式方法通过迭代求解有限差分方程组
SSOR 求解子程序包	SOR	采用分层逐次超松弛迭代方法求解有限差分方程组

2.3.2.2 DRAINMOD

DRAINMOD[153]是一个由 Skaggs 博士在 20 世纪 70 年代末开发的田间水文模型。该模型根据 2 个排水管(沟)中点进行水平衡计算,计算时间单位为"d"(Day),模型经过对深层渗漏、地下水侧渗、蒸散发、地表排水/径流/入渗等项进行概化后进行水平衡计算。模型最初是模拟不同排水设计及管理模式下的农田地下水位变化过程,经过世界各地的科研技术人员的应用,结果显示预测的地下水位变化过程比较准确,地表及地下排水量及作物产量等指标的模拟准确度也较高。

DRAINMOD 的最新版本是 DRAINMOD 6.0,开发了新版的 GUI 界面,集成了老版本的水文模型和模拟田间盐分运移的子模型及新开发的表征氮素迁移模拟模型。它提供的友好的图形界面,使该模型的应用者能更方便地输入基础数据并非常方便地看到结果的各种图形表示,而且提供了多种数据转换工具,提供了一键运行命令,并有模型的图形输出;新的用户界面还可以通过在排水设计中各参数的指定范围内设置步长,进行多次模拟,结果文件通过设定的顺序编号,SEW30、地下排水量、地表径流及作物产量等结果可以进行集中处理,大大减轻了使用者的工作量。新版本的另一主要改进是,在模拟研究区域水和溶质运移时,同时考虑到了研究区周边环境和研究区内的水量交互,并且将该部分水量加入水量平衡计算中。DRAINMOD 6.0 还将土壤温度模拟及考虑冻融对排水的影响等的子程序加入模拟过程中。
DRAINMOD 模型的计算流程见图 2-4。

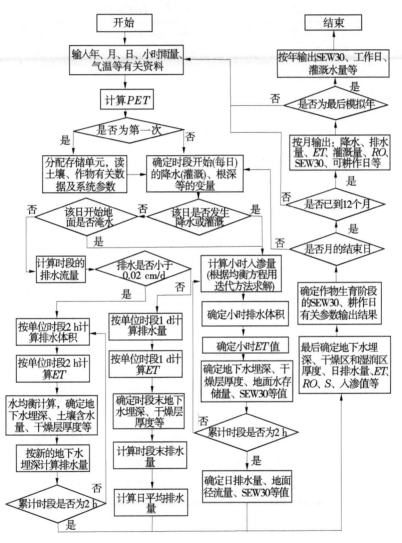

图 2-4　DRAINMOD 模型的计算流程[54]

　　模型水量平衡关系见图 2-5,根据水量平衡关系可建立任一时段内的水量平衡方程:

$$\Delta Va = P - S - RO - ET - DD - DS \tag{2-2}$$

式中:ΔVa 为计算土体内的贮水变化量,mm;P 为上表面输入水量,一般为灌溉和降水,mm;S 为地表的暂时积水,mm;RO 为地表产流,mm;ET 为实际的蒸发蒸腾总量,mm;DD 为计算土体的侧向排水,mm;DS 为向土体下部的深层渗漏,mm。

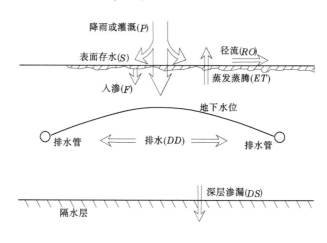

图 2-5　模型水量平衡关系示意图

　　式(2-2)中等号右边每一项都是一个计算模块,根据科学合理的计算方法编写程序进行计算。其中,DD 项使用半经验公式(Kirkham 公式和 Hooghoudt 公式)计算,DS 项利用 Green-Ampt 入渗公式计算,程序中设置了斜坡面、侧向、垂向等三种情况。利用日潜在蒸散发量(PET)与土壤供水能力中相对较小的值作为实际蒸散发量(AET)。潜在蒸散发量以基于气温的 Thornthwaite 公式计算,如果用户有比较完整的气象数据,还可以应用彭曼公式计算潜在蒸散量后输入程序。土壤供水能力的计算是将土体非饱和带的水分平均分配后,根据作物有效吸水深度及作物的凋萎系数等计算土壤的可供水量及每天的上升通量

（upward flux）[54]。

2.4 模型求解方法

由于水资源配置耦合模型中嵌入了水资源模拟模型，而水资源模拟模型很难用代数方程表示，这样耦合模型就无法用传统规划算法求解。只能通过搜索、迭代方法求解其近似值。如果能够对水资源模拟模型降维，则可以在分析目标函数单调性的基础上采用相应的搜索算法；如果不能对水资源模拟模型降维，则可以使用人工智能算法，如遗传算法、粒子群算法等。

2.4.1 人工智能算法

遗传算法是随机搜索算法，在 20 世纪 70 年代由美国的 Holland 教授首次在 *Adaptation in Natural and Artificial Systems*[154] 中提出，该算法借鉴了生物界的自然选择和自然遗传机制。遗传算法最早用于生物学研究，该算法模拟生物学领域中的遗传过程，通过多次迭代运算使群体接近最优值。每次迭代生成一组群体并根据设定的指标计算每个个体的评价值，群体中的个体经过排序选择、交叉和小量变异等遗传算子的运算后生成下一代的候选群，直到满足设定的收敛指标[155]。遗传算法的运算过程如下：

（1）初始化：设置群的计数器 $t=0$ 及群的最大进化代数（迭代次数）T，设置群容量 M，选择编码方法（二进制、整数、实数等）随机生成初始群体 $P(0)$。

（2）个体评价：使用设置好的目标函数计算群体 $P(t)$ 中的 M 个目标函数值。

（3）选择运算：应用排序规则将 $P(t)$ 中的 M 个个体进行排序，并选择前 $N(N<M)$ 个遗传到下一代。其目的是在个体评价的基础上，把较优的个体保留到下一代（直接遗传或配对交叉等）。

（4）交叉运算：是将较优的个体进行配对后交叉（不同编码方式使

用的交叉方法不同)。交叉算子是遗传算法的核心。

(5)变异运算:在交叉好的群体中选择少量个体进行变异运算。变异运算是为了较少群体的过早收敛。变异运算的方法依赖于编码方式,如二进制编码可以对变异个体的二进制串中某几位取反。经过选择、交叉、变异等运算之后,就生成了新一代群体。

(6)终止:当迭代次数达到最大值后,选择群体中适应度最大的个体作为输出,终止计算。

2.4.2 两阶段求解方法

对于可降维的优化问题,还可以用近似解法进行求解。把多维优化问题处理成一维优化问题后,第一阶段在可行域$[a,b]$内选择n个试算点$x_i(i=1,2,\cdots,n)$代入水资源模拟模型进行模拟计算,得到试算点的目标函数值,再根据目标函数$z=f(x)$在$[a,b]$区间的增减性做第二阶段优化计算。

如果目标函数$z=f(x)$在$[a,b]$区间是单调增(减),则最小值(或最大值)就在区间边界,见图2-6(a);如果函数$z=f(x)$在$[a,b]$区间是单下凹型(求最小值)或单上凸型(求最大值),则可使用黄金分割迭代法进行求解,见图2-6(b);如果函数$z=f(x)$在$[a,b]$区间有多个极值点,可用人工智能算法进行寻优,见图2-6(c)。下面给出黄金分割搜索法求解过程。

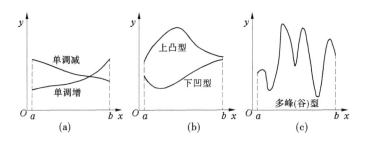

图2-6 目标函数增减性示意图

　　黄金分割搜索法是一种通过不断缩小单谷(峰)函数最值已知范围,从而找到最值的方法。它的名称源于这个算法保持了间距具有黄金分割特性的三个点。该方法适用于$[a,b]$区间上的任何单谷函数求最小值(单峰函数求最大值)问题,对函数除要求"单谷(峰)"外不作其他要求,甚至可以不连续。因此,这种方法的适应面非常广。黄金分割法也是建立在区间消去法原理基础上的试探方法,即在搜索区间$[a,b]$内选择黄金分割点t_1、t_1',并计算其函数值。将区间分成三段,应用函数的单峰性质,通过函数值大小的比较,删去其中一段,使搜索区间得以缩小。然后在保留下来的区间上做同样的处理,如此迭代下去,搜索区间无限缩小,从而得到最值x^*的数值近似解。下面以单谷函数求最小值为例介绍黄金分割法的搜索步骤,见图2-7,在区间$[a,b]$内取两点t_1、t_1'[其中$t_1=a+0.382(b-a)$,$t_1'=a+0.618(b-a)$],把区间$[a,b]$分为三段,如果$f(t_1)>f(t_1')$,令$b=b,a=t_1,t_1=t_1',t_1'=a+0.618(b-a)$;如果$f(t1)<f(t_1')$,令$a=a,b=t_1',t_1'=t_1,t_1=a+0.382(b-a)$。判断$|t_1-t_1'|$是否达到设定的精度$\varepsilon$,如果$|t_1-t_1'|<\varepsilon$,则$x^*=(t_1+t_1')/2$;如果$|t_1-t_1'|>\varepsilon$,则进行下一步搜索直到满足预设精度,见图2-8。

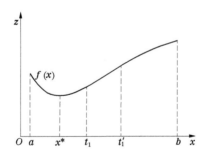

图2-7　黄金分割搜索过程示意图

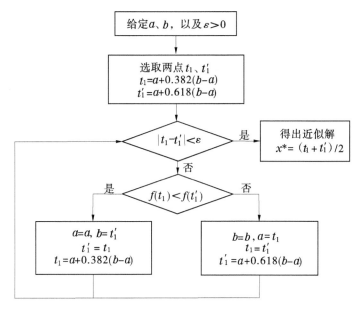

图 2-8　黄金分割搜索法流程

2.5　本章小结

本章总结了灌区水资源优化配置模型的目标函数和约束条件,并分别确定了本书研究的三个问题的目标函数,建立了三种类型水资源优化问题统一的耦合模型,模型中水资源模拟模型作为约束条件嵌入优化模型中,两模型应用公共变量进行参数传递。又针对耦合模型介绍了两种求解方法。为后面各章节具体的水资源优化配置提供理论和方法基础。

第 3 章　基于耦合模型的井灌区井群布置方法

地下水开发利用是保障干旱区特别是季节干旱区域农业高产稳产的重要措施之一,井群布局规划是影响地下水开发利用效率的主要影响因素之一,井群布局规划直接影响机井装置效率和耗能的高低,甚至影响地下水资源可持续开发利用。因此,针对灌区特色重点研究区域井群布局,采用科学合理的井群布局方法对于降低区域灌溉提水能耗,促进地下水资源可持续开发利用具有重要的意义。

本章以通辽井灌区为研究对象,充分考虑灌区水文地质条件以及地下水补给排泄条件,选灌区内所有机井提水总费用为目标函数,利用耦合模型对灌区机井位置进行连续寻优,从而实现灌区内井群空间布局方案优化。

3.1　研究区概况

研究区(东西长度和南北长度分别为 62.5 km 和 37.1 km)位于科左中旗,科左中旗位于大兴安岭的东南部,属于松辽平原与内蒙古高原的过渡带(见图 3-1)。旗内总的地势是西北高、东南低,由西向东倾斜,以平原地貌为主,兼有风蚀、水侵蚀和火山锥等地貌分布,地貌最显著的特点是沙地分布广泛。由于风积作用,形成西北—东南走向的三条垅状固定及半固定沙丘、坨沼与丘间平地镶嵌分布。地面高程在230~120 m。平原类型有两种,一为河谷冲积平原,另一为风积堆积平原;平原面积占全旗面积的 84.3%,河谷冲积平原主要分布在西辽河、新开河、乌力吉木仁河沿岸,这类平原土质肥沃,水分充足,适宜农作物生长,是科左中旗粮食的主要生产地域。

图 3-1　研究区位置

3.1.1　自然条件

3.1.1.1　气候水文

研究区属于北温带大陆性季风气候,试验区内冬季寒冷,夏季炎热,春季干旱少雨,降水主要集中于夏季,雨热同步。多年平均气温、最高气温和最低气温分别为 5.2~5.9 ℃、40.9 ℃和-33.9 ℃。境内光能资源充足,多年平均日照时数为 2 884.8~2 802.1 h,日照率为 63%~65%。日平均气温稳定通过 10 ℃的始日为 4 月 5~28 日,终日为 10 月 1~3 日,间隔 152~161 d,>10 ℃的积温为 3 042.8~3 152.4 ℃。多年平均降水量由西北至东南呈增加趋势,在 342~392 mm,降水年内分配不均,年际变化大,春季 4~5 月降水量为 30~70 mm,占全年的 9%~16%,夏季降水集中在 6~9 月,多年平均降水量为 150~250 mm,占全年的 50%~70%,入秋后降水减少,10 月降水量只有 15~30 mm,占全年的 5%~10%,冬季降水极少。多年平均蒸发量为 2 027 mm(20 cm蒸发器)。最大冻土深 180 cm,无霜期 150~160 d。旗内大风较多,多年平均风速 3.9 m/s,3~4 月风大,多年平均最大风速为 15.6 m/s,最大瞬时风速达 29 m/s,灌溉季节平均风速小于 3.4 m/s。

流经科左中旗的主要河流有西辽河、新开河、乌力吉木仁河,这三条河流均属于西辽河水系。西辽河境内流长 80 km,多年平均径流量 3.275 亿 m²,此河属过境河流,境内没有节制工程,水资源主要是补充地下水。新开河境内流长 180 多 km,多年平均径流量 1.98 亿 m³,水源主要用于旗内 5 座中型水库的补源和旗内西部地区灌溉。乌力吉木仁河境内流长 120 km,河床下切较深,多年平均径流量 441.10 万 m³,此河也是过境河流,是研究区域地下水补给的主要水源之一。

研究区内地下水含水层(厚度 80~100 m)主要为第四系堆积物中的浅层孔隙潜水及第三系地层中的深层承压水。含水层岩性主要为松散的粉细砂,透水性良好,含水层地下水水量丰富,研究区内第四系地层中潜水埋深在 2~10 m,第三系地层中地下水埋深均超过 100 m,灌区内地下水动态类型属入渗—蒸发型。自然降水是研究区地下水的主要补给来源,约占区内地下水补给总量的 70%,研究区内地表水入渗和研究区周边地下径流也是研究区地下水补给的主要组成部分。地下水排泄形式主要包括垂直蒸发、人工开采和侧向径流。其中,地下水径流方向与地形相一致,均为由西北向东南,水力坡度 1.2‰。

由于试验区内地下水含水层主要为第四系浅层孔隙潜水。目前,当试验区井深为 60~80 m、地下水位降深为 3.66~7.93 m 时,单井出水量在 50~80 m³/h。

3.1.1.2　土壤类型

按土谱分类,科左中旗土壤主要分为风砂土、草甸土、栗钙土、沼泽土和盐土五个土壤类型。

(1)风砂土是在本旗境内广泛分布的土壤类型,在风积堆积平原上以疏松砂质泥积物为主,是经过流动、半固定、固定三个过程,逐渐发育生成的土壤,除固定砂土外,层次发育不明显,有机质含量较低,无明显沉积和淋溶现象,面积 652.6 万亩(1 亩 = 1/15 hm²,全书同),是草原生长的主要地域。

(2)草甸土以河谷冲积母质为主,其余由少量风积或湖积母质组成。地下水埋深在 1.4~2.8 m,土壤表层为腐殖质层,厚度在 26.6 cm 左右,呈暗灰色或黑棕色,有机质含量平均为 2.28%;中层为绣纹锈斑层,厚度平均为 39.8 cm,内含棕红色绣纹锈斑;下层为潜育层,土壤质地较粗。pH(酸碱度)为 8.7~9.2,面积 486 万亩,主要分布在新开河、西辽河、乌力吉木仁河沿岸滩地和低阶地上,是科左中旗主要农业用地。

(3)栗钙土是在冲积母质与风积母质上发育生成的,有明显的腐殖层积累和钙积化过程,碳酸钙淀积含量较高。栗钙土由腐质表层、钙积层和母质层组成,厚度在 80~90 cm,栗钙土面积 272.8 万亩,分布以东部为主,是科左中旗旱作农业区。

(4)沼泽土分布在河谷冲积平原的沼泽地、水泡地、低洼地区,是受水文地质条件的影响而发育生成的土壤,由粗殖层、泥炭层和潜育层构成,面积 4.78 万亩。

(5)盐土类是科左中旗目前未能利用的土壤,分布在沼泽化低洼地边缘缓坡处,受气候、地形因素的影响而发育生成,土壤质地为轻壤质或中壤质,表层土壤含盐量高,其中以苏打盐为主,面积 4.9 万亩。

3.1.1.3　作物种植状况

2011 年科左中旗耕地面积 541 万亩,农作物播种面积达 573.46 万亩,复种指数为 1.06。主要种植粮食作物、经济作物,种植比例为 8:2。粮食作物为玉米、杂粮和薯类,播种面积为 458.77 万亩(玉米播种面积 402 万亩),粮食平均单产 502 kg/亩;经济作物为葵花、花生、蓖麻、甜菜和大田蔬菜,播种面积 114.69 万亩。从总体上看,现状各种作物单产不高。

内蒙古科左中旗节水增粮行动 2013 年项目区种植作物全部为玉米,种植面积 15 万亩,作物品种为郑单 958,属于密植型玉米种,生育期 135 d,现状平均单产为 600 kg/亩左右。项目区内土壤耕种层深度为 20~30 cm,种植作物生育期内主要根系活动层深度在 80 cm 左右。

3.1.1.4　自然灾害

影响科左中旗农牧业生产的主要自然灾害有旱灾、风灾、雪灾、水涝灾和雹灾,其中旱灾对当地农牧业生产的影响最大。据当地气象部门统计,科左中旗严重干旱频率为 65%,春旱频率为 55%,伏旱频率为 42.5%,秋旱频率为 65%,干旱已成为科左中旗农业和农村经济发展的制约因素,给农民增收带来很大阻力。流经境内的三条河流,其中只有新开河水用于农业灌溉和作为五座水库的水源,而新开河为季节性河流,因为近年来连续干旱,已经有 10 年没有来水,各水库也已经干涸,所以这十多年来地表水在科左中旗根本未灌溉。

3.1.2　社会经济条件

2011 年末,科左中旗总人口 53.55 万人,与 2010 年基本持平,其中少数民族人口占 73%,全旗农牧业人口 41.55 万人,劳动力 22.85 万个。根据科左中旗国土资源局 2011 年的统计数据,科左中旗总土地面积为 1 435.35 万亩,其中耕地面积为 541 万亩,林地面积为 326.2 万亩,牧草地面积为 364.7 万亩,园地面积为 0.98 万亩,水域及水利设施用地面积为 38 万亩,城乡建设、工矿、基础设施等其他用地面积为 202.47 万亩。2011 年,全旗粮食总产量为 230.5 万 t,油料产量为 2.17 万 t,甜菜全年产量为 18.95 万 t。2011 年,科左中旗国民经济和社会各项事业稳步发展,全年完成财政总收入 29 182 万元,比 2010 年同期增长 16.2%。农牧民人均纯收入为 4 828 元。

3.2　耦合模型

本节使用耦合模型对机井位置进行寻优,利用耦合模型中水资源优化配置模型与水资源模拟模型之间公共变量和计算结果等信息的相互协调,达到地下水合理开采的目的。

耦合模型结构见图 3-2。

耦合模型中的水资源模拟模型部分作为约束条件嵌入优化模型中,模型运行过程中数据传递主要依靠地下水位、灌溉水量等公共参数进行。

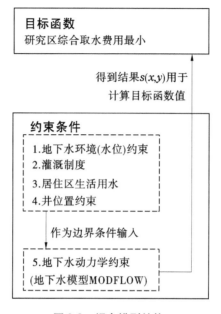

图 3-2　耦合模型结构

3.2.1　优化模型

3.2.1.1　目标函数

在一定灌溉制度下,通过调整机井位置使灌溉费用最小,选择机井位置作为决策变量。机井提水灌溉费用与机井流量、电价和水泵效率有关,可表示如下:

$$\mathrm{d}c = \gamma H q \mathrm{d}t \cdot P/\eta \qquad (3\text{-}1)$$

式中:c 为提水灌溉费用;γ 为地下水容重;H 为提水扬程(地下水降深 s+水头损失 H_f+流速水头 H_v);q 为机井流量;t 为提水时间;P 为电价;η 为水泵效率。

把式(3-1)两边积分,得

$$\int_0^c \mathrm{d}c = \int_0^t \frac{\gamma H q P}{\eta}\mathrm{d}t \qquad (3\text{-}2)$$

$$c = \gamma P \int_0^t \frac{Hq}{\eta}\mathrm{d}t \qquad (3\text{-}3)$$

$$dw = q\,dt \tag{3-4}$$

其中,w 为抽水量,则

$$c = \gamma \cdot P \cdot \int_0^w \frac{s + H_f}{\eta}\,dw \tag{3-5}$$

理论上,水头损失(H_f)在一定灌溉方式下保持一定;地下水降深 s 随抽水时间及机井布置变化;水泵效率 η 虽然在抽水时是非定值,但是可在选泵时针对特定工况,保持在高效区,所以可以把式(3-5)中的 η 用平均值代替并提到积分式外面。

$$c = \gamma \cdot P\sqrt{\eta} \cdot \left(\int_0^w s\,dw + \int_0^w H_f\,dw \right) \tag{3-6}$$

$$c = \gamma \cdot P\sqrt{\eta} \cdot \left(\int_0^w s\,dw + H_f \cdot w \right) \tag{3-7}$$

$$c = \gamma \cdot P\sqrt{\eta} \cdot \int_0^w s\,dw + \gamma \cdot P\sqrt{\eta} \cdot H_f \cdot w \tag{3-8}$$

式中,提水灌溉费用 c 只和地下水降深 s 有关,当 $\int_0^w s\,dw$ 达到最小值时,提水灌溉费用 c 就达到最小值。运算时,可以把积分式 $\int_0^w s\,dw$ 写成 $\dfrac{w}{N}\sum\limits_{i=0}^N S_i$。

因为对井位置进行优化时,绝对的提水费用意义不大,而只需要求得提水费用最小时机井的位置,所以目标函数可写为

$$\min Z = \sum_{i=0}^N s_i \tag{3-9}$$

式中:Z 为目标函数,项目区累积降深最小;N 为需要累积的降深数;s_i 为地下水位降深。

3.2.1.2　约束条件

环境约束,地下水位降深应该在合理范围(既不会产生盐碱化 $s_{\min}$,也不会产生地下水降落漏斗 $s_{\max}$):

$$s_{\max} < s < s_{\min} \tag{3-10}$$

地下水位约束,地下水位一定在地表和隔水底板之间:

$$H_{\mathrm{Bottom}}(x,y) \leqslant H(x,y) \leqslant H_{\mathrm{Top}}(x,y) \tag{3-11}$$

式中：$H(x,y)$ 为坐标 (x,y) 处的地下水位，$s(x,y) = H_{Top}(x,y) - H(x,y)$；$H_{Bottom}(x,y)$ 为坐标 (x,y) 处的潜水隔水底板高程；$H_{Top}(x,y)$ 为坐标 (x,y) 处的地面高程。

井位约束，按就近取水用水、方便管理的原则，灌溉井都布置在耕地边并靠近生产路：

$$I_{IrriWell}(x,y) = \begin{cases} 0 & (x,y) \notin F \cup (x,y) \notin L \\ 1 & (x,y) \in F \cap (x,y) \in L \end{cases} \qquad (3\text{-}12)$$

式中：F 为耕地区域；L 为田间路的临域。

研究区内居民区生活用水、牲畜饮水及农业灌溉用水依据当地的生活、经济及生态实际结合调研分析给出。水动力约束，模型中人工提水、地下水补给及地下水位动态变化过程等水动力学约束条件符合地下水动力学规律。

3.2.2　地下水模拟模型

地下潜水是研究区农业灌溉水源的重要组成部分，区内地下水含水层厚度约 80 m，地下潜水补给来源主要包括上游侧向补给、区内自然降水、研究区内灌溉水回补，以及地表和地下河流侧渗补给等，研究区域内排泄量主要有居民生活用水、牲畜饮水、灌区内机井提水、对下游的侧向补给等。图 3-3 给出了研究区内地下水概念模型。

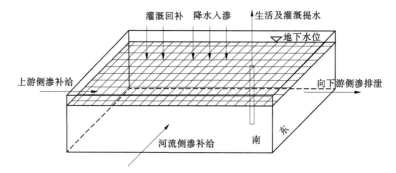

图 3-3　研究区内地下水概念模型

在补给及排泄量中——研究区内农业水资源不足，基于节能减排高效利用灌溉水资源,在灌溉过程中避免灌溉回补水的产生;通过查阅资料,项目区降水入渗补给占总补给量的绝大多数,为简化模拟,不考虑河流侧渗补给量;因研究区为平原,上下游区域的水力坡度变化不大,所以含水层与上下游的补给及排泄量可以相抵消。

示范区地形基本为平原,比较平坦,地下水埋深变化也不大,所以灌溉机井井群采用均匀布置方式比较合适。数学模型如下:

$$\mu \frac{\partial H}{\partial t} = \nabla K \nabla H - \varepsilon \tag{3-13}$$

式中:K 为渗透系数,m/d;H 为地下水位,$H=M-D$,M 为含水层厚度,D 为地下水埋深,m;ε 为源汇项,在本书中为地下水抽水量,d^{-1};μ 为给水度,m^{-1};t 为时间,d;

上边界条件为灌溉、降水补给:

$$-K \frac{\partial H}{\partial z} \bigg|_{z=0} = \alpha P \tag{3-14}$$

根据上面的分析,把项目区四周边界处理为通量边界:

$$-K \frac{\partial h}{\partial n} \bigg|_{B_1, B_2} = q \qquad -K \frac{\partial H}{\partial n} \bigg|_{B_3, B_4} = -q \tag{3-15}$$

式中:n 为边界法方向;B_i 为项目区水平方向边界。

3.2.2.1　模型参数

水资源模拟模型中,模型参数主要包括研究区内水文地质参数,模拟分析阶段研究区内自然降水,提水、灌溉信息,地下水初始水位等参数信息。现列出公共的模型输入参数如下。

3.2.2.2　水文地质参数

模拟所需的水文地质参数包括地下水渗透系数 K 及给水度 μ。于2016 年 5 月 8~10 日在通辽腰林毛都镇进行了抽水试验,试验设置一个抽水井和两个观测井(观测井距离抽水井分别为 10 m 和 30 m),共进行了定流量抽水及水位恢复两阶段的试验,定流量抽水进行了 30 h,抽水流量 40 m^3/h,水位恢复试验进行了 3.6 h。

图 3-4 是抽水试验实地照片,图 3-5 是抽水试验各观测孔降深曲线。计算得出渗透系数 $K=4.88$ m/d,$\mu=0.16$。

图 3-4　抽水试验实地照片

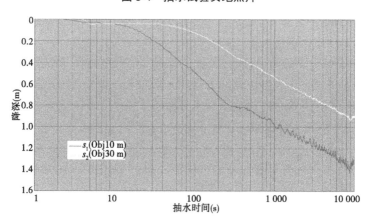

图 3-5　抽水试验各观测孔降深曲线

3.2.2.3　降水补给量

根据李曙光《通辽市科尔沁左翼中旗地下水资源调查评价》中 1980~2005 年的降水资料,计算出降水补给系数 $\alpha=0.178\ 3$。根据刘廷玺《通辽地区次降雨入渗补给系数分析确定》中的计算结果,$\alpha=[0.201,0.353]$。本次模拟选用李曙光的数据 $\alpha=0.178\ 3$ 作为模型输入值。降水资料基于通辽气象站 1951~2014 年连续监测数据,通过对自动监测数据的整理分析,将需要的降水数据作为模型输入值,见图 3-6。

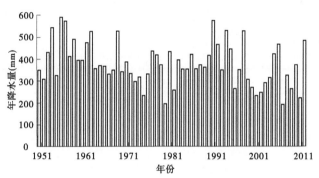

图 3-6　1951~2014 年通辽气象站年降水量

3.2.2.4　灌溉定额

根据灌区规划设计方案结合当地耕作经验,灌溉定额可分为两种:一般年份及干旱年份(降水量频率 $P>75\%$ 的年份),所以根据通辽气象站 64 年降水资料进行配线并查出频率为 75% 的年降水量为 298.7 mm。配线结果见图 3-7 及表 3-1。

所以,在模型中降水量以 300 mm 为阈值,即降水量大于 300 mm 的年份为一般年份,降水量小于 300 mm 的年份为干旱年份。两种年份的各种灌水技术的灌溉定额见表 3-2。

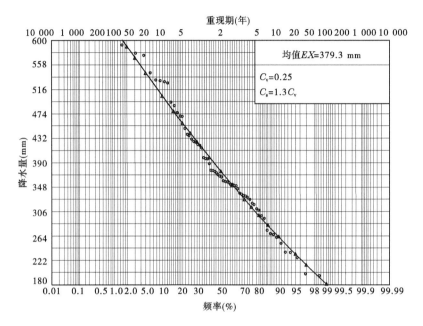

图 3-7 1951~2014 年通辽气象站年降水量 P-Ⅲ 曲线配线图

表 3-1 1951~2014 年通辽气象站年降水量配线表

频率(%)	降水量(mm)	频率(%)	降水量(mm)
0.01	713.1	10	477.5
0.1	686.5	20	440.0
0.2	666.6	50	350.9
0.5	620.2	75	298.7
1	588.9	90	232.3
2	569.0	95	213.4
5	503.5	99	126.1

注:均值 $EX = 379.3$ mm, $C_v = 0.25$, $C_s = 1.3C_v$, $n = 64$。

表 3-2　各种灌水技术的灌溉定额　　（单位：m³/亩）

灌水技术	一般年份	干旱年份
传统地面灌	180 (3 次×60)	280 (4 次×60+1 次×40)
低压管道	135 (3 次×45)	225 (5 次×45)
喷灌	125 (5 次×25)	175 (7 次×25)
滴灌	90 (5 次×18)	144 (8 次×18)

3.2.2.5　应力期

模拟期时长 64 年，分为 192 个应力期，每个应力期为 4 个月，并平均分为 3 个等长时段。在一年中：

1~4 月为第一应力期，应力期中只有降水补给和生活用水；

5~8 月为第二应力期，第二应力期为作物生长、灌水季节，所以应力期中游有降水补给、灌溉用水和生活用水；

9~12 月为第三应力期，应力期中也只有降水补给和生活用水。

3.2.3　MODFLOW 模型参数验证

把抽水试验计算的水文地质参数输入水资源模拟模型（MODF-LOW-2000）中，采用 2015 年的地下水位监测数据，进行模型参数检验。模拟值与观测值分析结果（见图 3-8）表明，模拟值与观测值均匀分布在 1∶1 线两侧（见图 3-8）。进一步分析发现（见图 3-9），观测井不同时段水位降深观测值与模拟值的变化趋势基本一致，模拟值与观测值相对误差绝对值为 0.002 4% ~ 4.117 1%，相对误差绝对值的平均值为 0.88%（$n=25$），$RMSE$ 值为 0.135 3 m，完全可以满足地下水资源优化配置的需求，说明构建的耦合模型能够反映灌区井群地下水位的实际变化趋势。

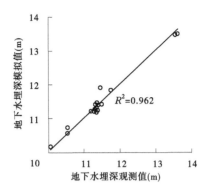

图 3-8　地下水埋深模拟值与观测值对比

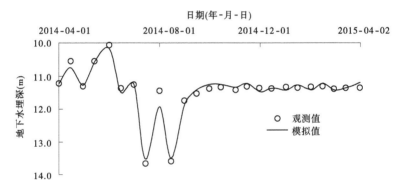

图 3-9　地下水埋深变化过程

3.2.4　求解方法

因为优化模型中嵌入了水资源模拟模型,不能使用数学规划方法直接计算。本章采用两阶段方式进行求解,第一阶段为初级寻优,主要弄清目标函数对机井位置的增减性;第二阶段为精确寻优,根据函数的增减性找到包含极值的单谷区间,在选定的单谷区间使用黄金分割法进行机井位置的优化,黄金分割法寻优过程见图 2-8。

3.3 邻村单井位置优化

首先讨论较简单的单井布置情况——在邻村区域内新建 1 井,见图 3-10。

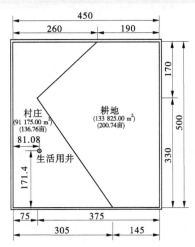

图 3-10 邻村单井位置优化区域 (单位:m)

区域大小为 450 m×500 m(约 337.50 亩),左侧是村庄生活区,生活区内有一口生活用井,根据村内人口及牲畜数量,计算得出机井抽水量为 4.41 m³/d。右侧是耕地,面积 133 825.00 m²(约 200.74 亩),区域使用喷灌,干旱年份灌溉定额 173 m³/(亩·年),一般年份灌溉定额 120 m³/(亩·年)。

3.3.1 第一阶段优化备选井位

第一阶段要分析目标函数的增减性等属性,所以在机井布置区域内均匀分布机井位置,通过模拟计算得到机井各时段的地下水位及降深累积值等数据,通过机井各时段的地下水位与约束条件的对比,剔除非可行解,从而得到可行域的大致范围和目标函数值分布。所以,首先要在耕地范围内均匀分布预选井位,见图 3-11。

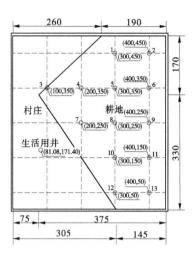

图 3-11　第一阶段备选井位　（单位:m）

3.3.2　模拟结果

根据上面的备选井位,对每种备选井位都进行全应力期(64 年)的模拟计算,得到每种井位各时段的地下水位分布、每种井位机井地下水位变化过程,并且可以对地下水降深进行累加得到地下水位降深累积值。每种井位每个模拟时段都可以记录地下水位分布数据,由于数据量太大,因此本书仅列出其中部分有特点的地下水位等值线图,见图 3-12。

由图 3-12 可以看出,不同井位,经过 64 年的连续运行,地下水位分布差别很大,最低水位相差可达 50 cm。下面展示两种机井位置 [No.1(300,450), No.11(400,150)] 运行 64 年,机井的水位变化情况,见图 3-13。

有图 3-13 可以看出,两种井位置在前 10 年左右的时段中地下水变化基本一致,10 年以后,两种井位置的地下水位差距逐渐显现出来,并且差距逐渐增大,到 60 年时,水位差距达 0.46 m。这样的差距,对水泵能耗的影响是不可忽略的。

通过对每种井位各时段的地下水降深进行累加,可得到地下水降深累积值,通过各井位置坐标可以得到地下水降深累积值等值线图,结

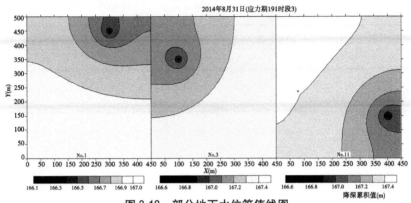

图 3-12 部分地下水位等值线图

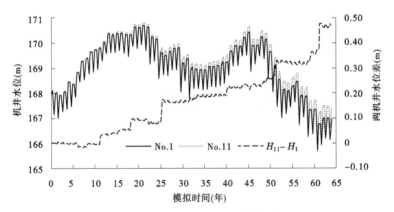

图 3-13 两种井位地下水位变化情况

果见表 3-3 及图 3-14。

表 3-3 第一阶段各备选井位地下水降深累积值

No.	$X(\mathrm{m})$	$Y(\mathrm{m})$	降深累积值(m)	降深排序
1	300	450	208.20	8
2	400	450	221.51	11
3	100	350	174.25	1
4	200	350	223.70	13

续表 3-3

No.	$X(\mathrm{m})$	$Y(\mathrm{m})$	降深累积值(m)	降深排序
5	300	350	206.26	7
6	400	350	215.74	10
7	200	250	223.01	12
8	300	250	205.94	6
9	400	250	211.99	9
10	300	150	180.39	3
11	400	150	175.57	2
12	300	50	186.81	4
13	400	50	197.59	5

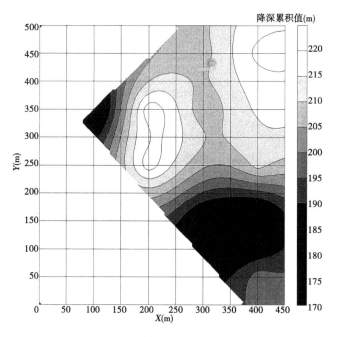

图 3-14　地下水降深累积值等值线图

从前述结果可以看出,较小的累积值并未出现在图形的中央,这与以前的机井布局理论(均匀分布)不同。较小的累积值出现在耕地深入居住区的地方及右下角耕地与居住区相邻的地方,这是因为居住区的用水量较少,而降水补给与耕地相同,对于上面的布置情况来说,居住区是较大的补给源,所以机井靠近居住区布置可以有效减少机井水位降深。

3.3.3　第二阶段精确优化

通过第一阶段各井位的地下水降深累积值,通过二维插值的方法,可以得到地下水降深累积函数的表达式,对表达式求极值,可以得出累积函数最小值及位置坐标,然后代入水资源模拟模型计算,可得到累积函数最小值。

通过插值并求极值,可得到点(75,330)为极值点,通过代入水资源模拟模型求解,可得到地下水降深累积值为172.62 m,地下水位变化过程及地下水位等值线如图3-15及图3-16所示。

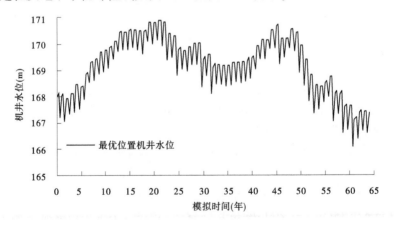

图3-15　最优井位地下水位变化过程

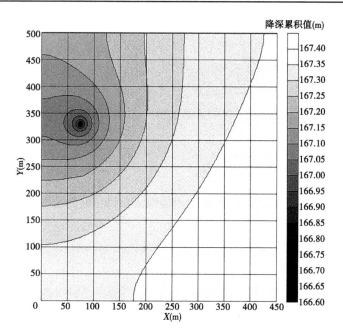

图 3-16　最优井位 2014 年 8 月 31 日地下水位等值线图

3.4　邻路单井位置优化

为便于机井施工、减少耕地占用并便于管理,目前的灌溉机井一般靠近田间路布置,下面讨论一种简单的临路单井布置情况——在区域内临路新建 1 井,见图 3-17。

优化区域同前述邻村单井优化,大小为 450 m×500 m(约 337.50 亩),左侧是村庄生活区,生活区内有一口生活用井,根据村内人口及牲畜数量,计算得出机井抽水量为 4.41 m³/d。右侧是耕地,面积 133 825.00 m²(约 200.74 亩),区域使用喷灌,干旱年份灌溉定额 173 m³/(亩·年),一般年份灌溉定额 120 m³/(亩·年)。区域下方有一机耕路,距离区域南边界 145 m,机井沿机耕路布置。

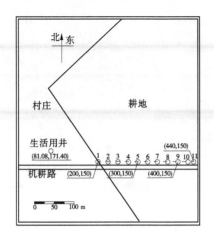

图 3-17　邻路单井位置优化区域及初选井位

3.4.1　第一阶段优化备选井位

机井要沿机耕路布置,所以目标降深累积值对位置坐标的函数可简化成一维函数,第一阶段分析目标函数的增减性等属性,所以在耕地内机耕路沿线均匀分布机井位置,见图 3-17。通过模拟计算得到机井各时段的地下水位及降深累积值等数据,通过机井各时段的地下水位与约束条件对比,剔除非可行解,从而得到可行域的大致范围和目标函数值分布。

3.4.2　模拟结果

对各种备选井位情况进行全应力期的模拟计算,得到每种情况的地下水位分布变化过程,并计算地下水降深累积值。下面列出其中部分地下水位等值线图,见图 3-18。

同前述"邻村单井"情况类似,不同井位,经过 64 年的连续运行,地下水位分布差别很大,最低水位相差也可达 50 cm。下面展示两种机井位置[No. 1(200,150),No. 5(300,150)]运行 64 年,机井的水位变化情况,见图 3-19。

从图 3-19 中可以看出,两种井位置在前 5 年左右的时段中地下水

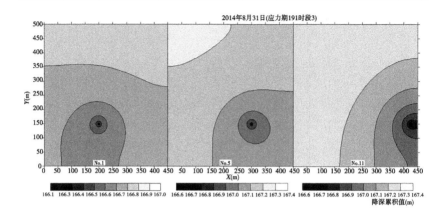

图 3-18　部分地下水位等值线图

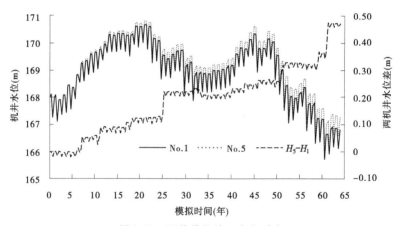

图 3-19　两种井位地下水位对比

位变化基本一致,7 年以后,两种位置的地下水位差距逐渐显现出来,并且差距逐渐增大,到 60 年时,水位差距达 0.45 m 以上。这样的水位差距,对水泵长期运行能耗的影响是可观的。

通过对每种井位各时段的地下水降深进行累加,可得到降深累积值,通过各井位置坐标可以得到降深累积值随距离变化图,结果见表 3-4 及图 3-20。

表 3-4　第一阶段各备选井位地下水降深累积值

No.	$X(m)$	$Y(m)$	降深累积值(m)	排序
1	200	150	216.68	11
2	225	150	197.91	7
3	250	150	202.02	9
4	275	150	202.06	10
5	300	150	180.39	4
6	325	150	173.51	1
7	350	150	177.23	3
8	375	150	201.40	8
9	400	150	175.57	2
10	425	150	185.38	5
11	440	150	189.32	6

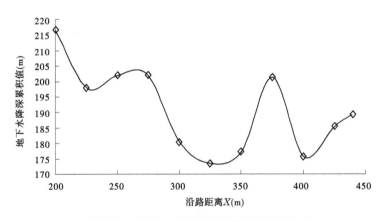

图 3-20　地下水降深累积值随沿路距离变化

从前述结果可以看出,较小的累积值并未出现在横坐标的中央位置
(225 m),而是出现在 325 m 的附近,这种结果是受生活用水井的影响。

3.4.3　第二阶段精确优化

通过对第一阶段各井位的地下水降深累积值(见图 3-20)的分析,
最小值应在区间[200,350]内,使用模拟结合黄金分割法,可以得到极值点(330,150),以及降深累积值 173.12 m,地下水位变化过程及地下水位等值线如图 3-21 及图 3-22 所示。

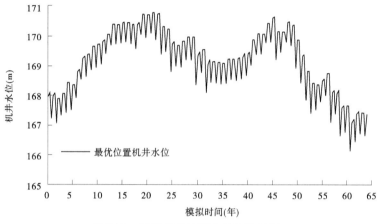

图 3-21　最优井位地下水位变化过程

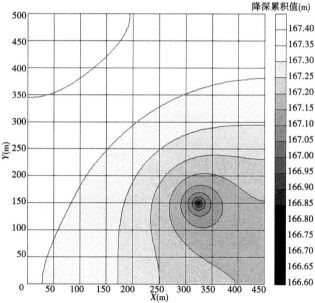

图 3-22　最优井位 2014 年 8 月 31 日地下水位等值线模拟图

3.5 有抽水降深影响的井位置优化

接下来讨论区域中已有一井的情况下新建机井位置优化问题,见图 3-23。

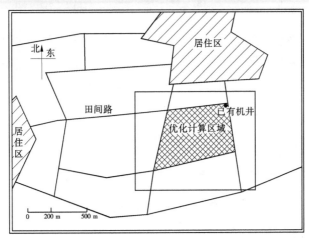

图 3-23 区域中已有一井新建机井位置优化

区域大小为东西长约 590 m,南北宽约 435 m(面积 260 571.159 3 m²,390.857 亩),北侧和东侧各临一村庄生活区,北侧生活区内有一口生活用井,根据村内人口及牲畜数量,计算得出机井抽水量为 19.8 m³/d。东侧生活区内也有一口生活用井,根据村内人口及牲畜数量,计算得出机井抽水量为 4.05 m³/d,其他耕地根据单井控制面积 200 亩均匀布置机井。农田灌溉使用喷灌,干旱年份灌溉定额 173 m³/(亩·年),一般年份灌溉定额 120 m³/(亩·年)。

3.5.1 第一阶段优化备选井位

第一阶段要分析目标函数的增减性等属性,在机井布置区域内沿田间路内侧均匀分布机井位置,通过模拟计算得到机井各时段的地下水位及降深累积值等数据,通过机井各时段的地下水位与约束条件的对比,剔除非可行解,从而得到可行域的大致范围和目标函数值分布。预选机井位置见图 3-24。

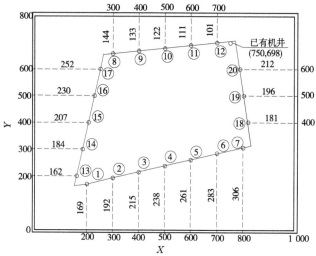

图 3-24　第一阶段备选机井位置　（单位:m）

3.5.2　模拟结果

与前述相同,对各种情况进行模拟计算,得到每种井位各时段的地下水位分布、每种井位机井附近地下水位变化过程,并且可以对地下水降深进行累加得到地下水降深累积值。

每种井位每个模拟时段都可以记录地下水位分布数据,由于数据量太大,因此下面仅列出其中部分有特点的地下水位等值线图,见图 3-25。

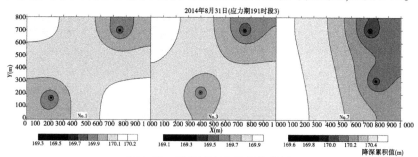

图 3-25　部分地下水位等值线图

从图 3-25 可以看出,与前述结果相同,机井地下水位差值可达到 50 cm。下面展示两种机井位置[No.3(400,215),No.7(800,306)]运行 64 年,机井的水位变化情况(见图 3-26)。

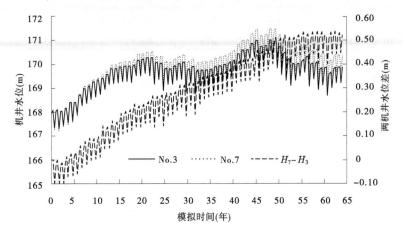

图 3-26　两种井位地下水位对比

从图 3-26 中可看出,两种井位置差距逐渐增大,到 50 年以后,水位差距达 0.5 m 以上。这样的差距,对水泵能耗的影响是不可忽略的。

通过对每种井位各时段的地下水降深进行累加,可得到地下水降深累积值,通过各井位置坐标可以得到地下水降深累积值随距离变化,结果见表 3-5 及图 3-27、图 3-28。

表 3-5　第一阶段各备选井位地下水降深累积值　　　(单位:m)

No.	沿路距离	X	Y	降深累积值	与已有机井直线距离
1	1 037.31	200	170	49.77	762.42
2	1 139.54	300	192	67.92	677.15
3	1 241.77	400	215	73.73	596.48
4	1 344.00	500	237	50.01	524.42
5	1 446.24	600	260	58.55	462.97
6	1 548.47	700	283	35.82	418.00
7	1 650.70	800	306	20.17	395.18

续表 3-5

No.	沿路距离	X	Y	降深累积值	与已有机井直线距离
8	452. 06	300	656	59. 89	451. 96
9	351. 48	400	667	55. 09	351. 37
10	250. 90	500	678	46. 51	250. 80
11	150. 32	600	689	33. 26	150. 27
12	49. 73	700	700	36. 50	50. 04
13	951. 81	162	200	65. 75	770. 55
14	849. 27	184	300	65. 44	691. 92
15	746. 74	207	400	69. 82	619. 40
16	644. 20	230	500	58. 85	556. 42
17	541. 66	252	600	60. 81	507. 55
18	1 770. 94	819	400	28. 60	305. 88
19	1 872. 10	803	500	40. 27	204. 97
20	1 973. 25	788	600	36. 45	105. 11

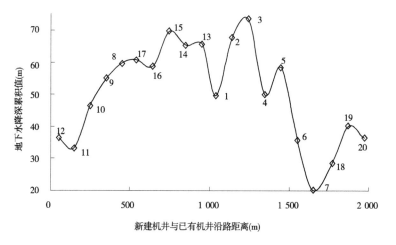

图 3-27　地下水降深累积值随距离变化（一）

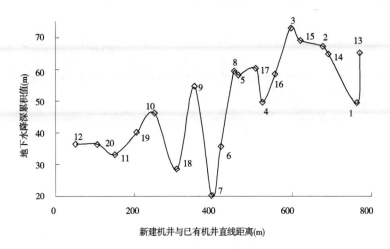

图 3-28　地下水降深累积值随距离变化(二)

图 3-27(沿路距离)及图 3-28(沿路距离)中,各数据点上的数字是备选机井位置编号,曲线可分为 4 段(北、西、南、东)。在每段上,地下水降深累积值并没有单调变化,这与这个区域的形状及不同的补给条件等有关系。

从降深与机井的直线距离图中也能得到相同的结论——机井降深累积值与机井间的直线距离并非简单的线性关系。

所以,应用以前的井距理论进行机井位置规划,并不能得到最优井位。

3.5.3　第二阶段精确优化

通过第一阶段各井位的地下水降深累积值曲线(见图 3-27)可以看出,最小值点应在区间[1 500,1 800]内,通过模拟结合黄金分割法可得到累积函数最小值。

点(815,309)为极值点,地下水降深累积值为 20.03 m,地下水位变化过程及地下水位等值线图见图 3-29 及图 3-30。

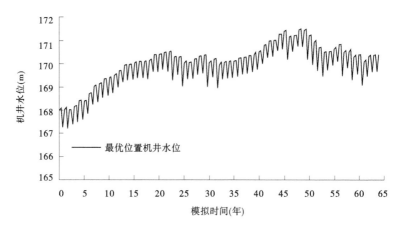

图 3-29　最优井位地下水位变化过程

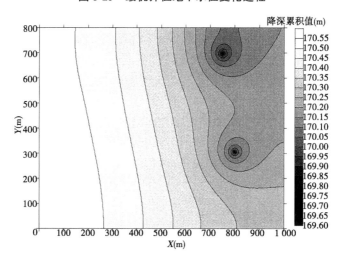

图 3-30　最优井位 2014 年 8 月 31 日地下水位等值线模拟图

3.6　小区多井布置优化

现讨论较大研究区内的机井规划问题,见图 3-31。

区域东西长 3 200 m,南北宽 2 400 m,东西各分布一个村庄。西边

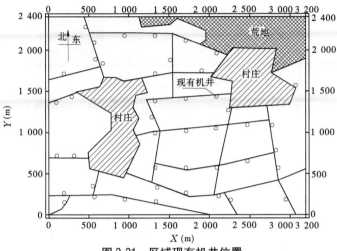

图 3-31　区域现有机井位置

村庄人口 590 人,生活用水量 26.6 m³/d;西边村庄人口 519 人,生活用水量 23.3 m³/d。东北方向临荒地,区域中耕地面积 5 999 830 m²(约 9 000 亩),使用喷灌,干旱年份灌溉定额 173 m³/(亩·年),一般年份灌溉定额 120 m³/(亩·年)。耕地中分布 44 口灌溉机井,均匀布置。现使用本书的耦合模型对该小区中的机井位置进行优化调整。

优化过程如下:

(1)先选择一待优化机井,并找到该井的优化范围。

(2)做出目标 Z 对井位置 l 的函数 $Z = Z(l)$。

(3)如果是单谷型函数,则使用黄金分割法求解,如果不是单谷型函数,则可应用插值法或遗传算法求解。

下面先选择两井(见图 3-32)介绍求解过程,然后给出全部机井的最优井位:

选择相对较复杂的情况进行讨论——有交叉路口的井位置优化。在机井优化范围内出现交叉路口,则机井的最优位置可能出现在东西路上,也可能出现在南北路上,因此要在两条路上同时优化,位置见图 3-32。

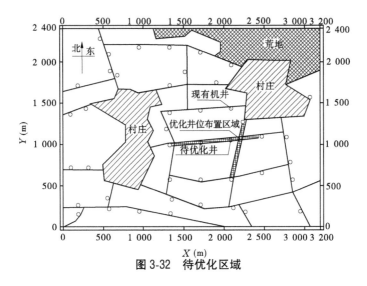

图 3-32　待优化区域

3.6.1　第 1 井备选井位

第一阶段要分析目标函数的增减性等属性,在机井布置区域内沿田间路内侧均匀分布机井位置,通过模拟计算得到机井各时段的地下水位及降深累积值等数据,通过机井各时段的地下水位与约束条件的对比,剔除非可行解,从而得到可行域的大致范围和目标函数值分布。

预选机井在村庄南面沿路布置,位置见图 3-33。

3.6.2　井位降深模拟分析

同前,对各情况进行全应力期(64 年)的模拟计算,得到每种井位各时段的地下水位分布、每种井位机井附近地下水位变化过程,以及地下水降深累积值。下面列出其中部分有特点的地下水位等值线图,见图 3-34。

下面展示两种机井位置[No. 6(2 211, 1 099), No. 8(1 470, 1 006)]运行 64 年,机井的水位变化情况,见图 3-35,从地下水位等值线图可以看出,不同井位,经过 64 年的连续运行,地下水位分布有一定的差别,对水泵提水能耗也有一定的影响。

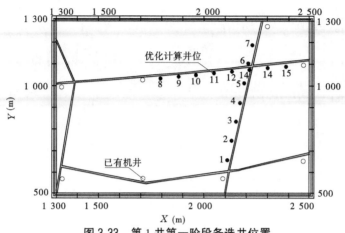

图 3-33 第 1 井第一阶段备选井位置

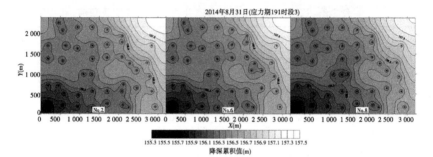

图 3-34 部分地下水位等值线图

从图 3-35 中可以看出,两种井位置差距逐渐增大,运行几年后,水位差距达 0.15 m 以上。

通过对每种井位各时段的地下水降深进行累加,可得到降深累积值,通过各井位置坐标可以得到降深累积值随距离变化曲线。表 3-6 及图 3-36 中 X 坐标是各备选井位置与路段上南端(西端)已有机井位置的距离,纵坐标是降深累积值,各数据点上的数字是备选机井位置编号,两曲线都表现为上凹状,这与以前的认识相同,但是曲线最低点并未出现在 X 坐标区间中心,这种情况是由于小区东北临村和荒地无灌溉用井,相对补给条件较好。

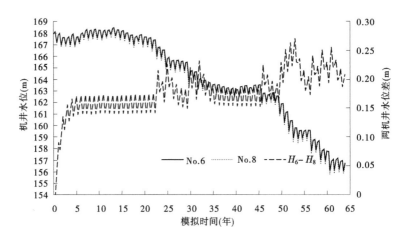

图 3-35　两种井位地下水位对比

表 3-6　第 1 井第一阶段各备选井位地下水降深累积值

No.	X(原始,m)	Y(原始,m)	所在路段	沿路距离(m)	地下水降深累积值(m)
1	2 110	658		90. 37	1 170. 16
2	2 130	746		180. 74	1 160. 97
3	2 150	834		271. 11	1 155. 14
4	2 170	922	南北路	361. 48	1 151. 28
5	2 191	1 011		451. 86	1 149. 17
6	2 211	1 099		542. 23	1 148. 68
7	2 231	1 187		632. 60	1 149. 94
8	1 470	1 006		143. 47	1 182. 77
9	1 612	1 019		286. 95	1 171. 47
10	1 755	1 031		430. 42	1 162. 89
11	1 898	1 044	东西路	573. 90	1 156. 35
12	2 041	1 057		717. 37	1 151. 35
13	2 184	1 069		860. 85	1 148. 92
14	2 327	1 082		1 004. 32	1 148. 42
15	2 399	1 088		1 076. 06	1 150. 27

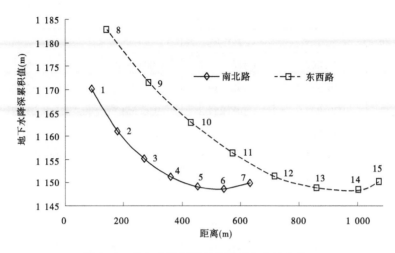

图 3-36　地下水降深累积值随距离变化曲线

3.6.3　第 1 井精确优化

通过第一阶段各井位的地下水降深累积值随距离变化曲线(见图 3-36)可以看出,沿两条路的累积降深曲线都为单谷型,而且东西路上的最小值要小于南北路上的最小值,所以选择东西路上的井位使用黄金分割法进行迭代求极值。初始区间为[143.47,1 076.06],选择的第一组黄金分割点为 $t_1 = 614.835\ 8$ 和 $t_1' = 895.590\ 1$,代入模型计算可得地下水降深累积值为 $f(t_1) = 1\ 154.770\ 9$,$f(t_1') = 1\ 148.360\ 2$。迭代过程见表 3-7 及图 3-37。

表 3-7　黄金分割迭代过程(一)

No.	t_1	$f(t_1)$	t_1'	$f(t_1')$
1	614.835 8	1 154.770 9	895.590 1	1 148.360 2
2	895.590 1	1 148.360 2	1 069.105 8	1 149.963 3
3	788.351 5	1 149.799 3	895.590 1	1 148.360 2
4	895.590 1	1 148.360 2	961.867 2	1 148.304 2

续表 3-7

No.	t_1	$f(t_1)$	t_1'	$f(t_1')$
5	961. 867 2	1 148. 304 2	1 002. 828 7	1 148. 656 9
6	936. 551 6	1 148. 239 7	961. 867 2	1 148. 304 2
7	920. 905 7	1 148. 254 2	936. 551 6	1 148. 239 7
8	936. 551 6	1 148. 239 7	946. 221 3	1 148. 251 2
9	930. 575 4	1 148. 240 5	936. 551 6	1 148. 239 7
10	936. 551 6	1 148. 239 7	940. 245 1	1 148. 242 2
11	934. 268 9	1 148. 239 3	936. 551 6	1 148. 239 7
12	932. 858 1	1 148. 239 5	934. 268 9	1 148. 239 3
13	934. 268 9	1 148. 239 3	935. 140 8	1 148. 239 3

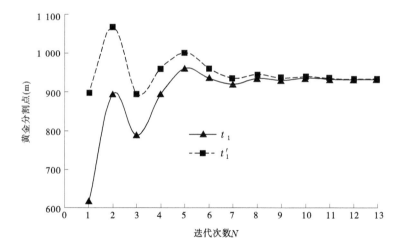

图 3-37　黄金分割迭代过程(一)

　　通过迭代可得距离 934. 704 9 为最小值,最优点降深累积值为 1 148. 24 m,最优井位的平面坐标为(2 302. 85,1 079. 71),最优井位地下水位变化过程如图 3-38 所示。

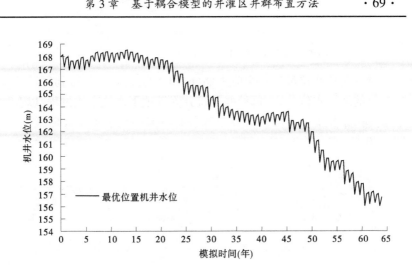

图 3-38　最优井位地下水位变化过程

3.6.4　第 2 井备选井位

根据前述第 1 井的优化结果,对第 2 井位置进行优化运算。同前,第 2 井也分为两阶段求解,第一阶段要分析目标函数的增减性等属性,预选机井在村庄南面沿路布置,位置见图 3-39。

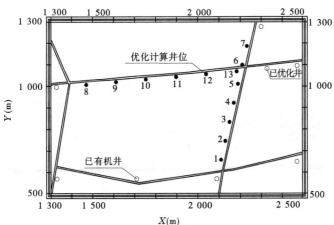

图 3-39　第 2 井第一阶段备选井位置

3.6.5 井位降深模拟分析

对各备选井位都进行全应力期(64年)的模拟计算,得到每种井位各时段的地下水位分布、每种井位机井附近地下水位变化过程,以及地下水降深累积值。下面列出其中部分有特点的地下水位等值线图,见图3-40。

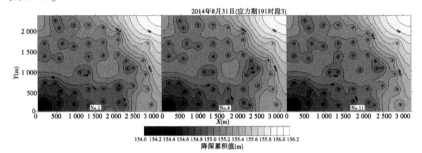

图3-40 部分地下水位降深累积值

下面展示两种机井位置 No.1(2 110,658),No.4(2 170,922) 运行64年,机井附近观测点的水位变化情况(见图3-41),从地下水位等值线图可以看出,不同井位,经过64年的连续运行,地下水位分布有一定的差别,对水泵提水能耗也有一定的影响。

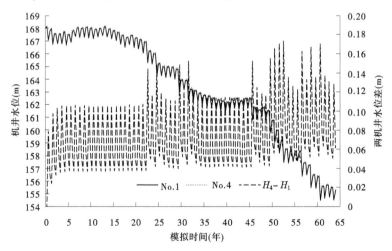

图3-41 两种井位地下水位对比

图 3-41 中可以看出,两种井位置差距逐渐增大,运行几年后,水位差距达 0.15 m 以上。

通过对每种井位各时段的地下水降深进行累加,可得到降深累积值,通过各井位置坐标可以得到降深累积值随距离变化曲线,见表 3-8 及图 3-42。

表 3-8 第 2 井第一阶段各备选井位地下水降深累积值

No.	X(原始,m)	Y(原始,m)	所在路段	沿路距离(m)	地下水降深累积值(m)
1	2 110	658		90.37	1 303.39
2	2 130	746		180.74	1 295.41
3	2 150	834		271.11	1 291.05
4	2 170	922	南北路	361.48	1 289.20
5	2 191	1 011		451.86	1 289.61
6	2 211	1 099		542.23	1 291.06
7	2 231	1 187		632.60	1 291.09
8	1 470	1 006		143.47	1 309.38
9	1 612	1 019		286.95	1 299.47
10	1 755	1 031	东西路	430.42	1 292.68
11	1 898	1 044		573.90	1 288.40
12	2 041	1 057		717.37	1 286.92
13	2 184	1 069		860.85	1 289.57

与第 1 井情况相同,两曲线都表现为上凹状,而且曲线最低点并未出现在 X 坐标区间中心,同样是小区东北部补给条件相对较好的原因。

3.6.6 第 2 井精确优化

通过第一阶段各井位的地下水降深累积值随距离变化曲线(见图 3-42)可以看出,沿两条路的地下水累积降深曲线都为单谷型,而且东西路上的最小值要小于南北路上的最小值,所以选择东西路上的井位使用黄金分割法进行迭代求极值。初始区间为[143.47, 1 076.06],选择的第一组黄金分割点为 $t_1 = 614.835\ 8$ 和 $t_1' = 895.590\ 1$,代入模型计算可得降深累积值为 $f(t_1) = 1\ 154.770\ 9$,$f(t_1') = 1\ 148.360\ 2$。迭代过程见表 3-9 及图 3-43。

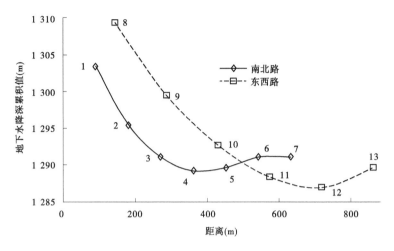

图 3-42　地下水降深累积值随距离变化曲线

表 3-9　黄金分割迭代过程(二)

No.	t_1	$f(t_1)$	t_1'	$f(t_1')$
1	520. 765 7	1 289. 693 8	743. 381 5	1 287. 046 6
2	743. 381 5	1 287. 046 6	880. 965 7	1 290. 380 9
3	658. 349 9	1 287. 128 3	743. 381 5	1 287. 046 6
4	743. 381 5	1 287. 046 6	795. 934 0	1 287. 740 8
5	710. 902 3	1 286. 917 0	743. 381 5	1 287. 046 6
6	690. 829 1	1 286. 939 5	710. 902 3	1 286. 917 0
7	710. 902 3	1 286. 917 0	723. 308 3	1 286. 941 5
8	703. 235 0	1 286. 916 7	710. 902 3	1 286. 917 0
9	698. 496 4	1 286. 922 1	703. 235 0	1 286. 916 7
10	703. 235 0	1 286. 916 7	706. 163 7	1 286. 915 5
11	706. 163 7	1 286. 915 5	707. 973 7	1 286. 915 6
12	705. 045 0	1 286. 915 8	706. 163 7	1 286. 915 5
13	706. 163 7	1 286. 915 5	706. 855 0	1 286. 915 5

　　通过迭代可得距离 706. 509 4 为最小值,最优点降深累积值为 1 186. 92 m,最优井位的平面坐标为(2 033. 89,1 056. 01),最优井位地

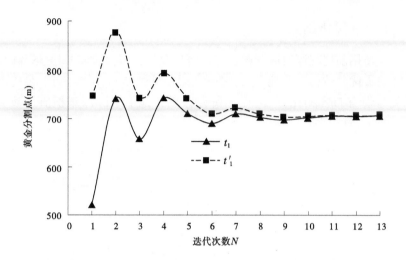

图 3-43　黄金分割迭代过程(二)

下水位变化过程如图 3-44 所示。

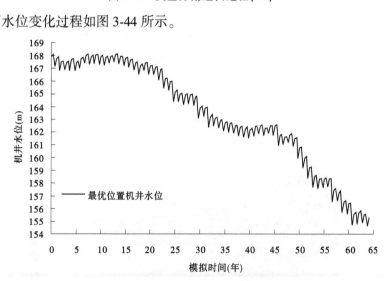

图 3-44　最优井位地下水位变化过程

3.6.7　优化结果

使用前述程序对区域内机井进行反复迭代,可以得到研究区 44 口井的最优井位布设及地下水位分布情况(见图 3-45、图 3-46)。最优布置与现有布置相比,单次提水研究区机井地下水降深累积值可减少 5.96 m,降深平均值减少 13.55 cm。

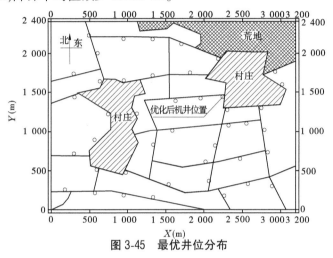

图 3-45　最优井位分布

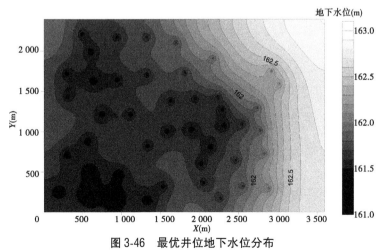

图 3-46　最优井位地下水位分布

3.7　结果分析

对通辽井灌区实地情况的概化及水资源模拟模型的参数识别后，使用灌区 64 年的气象数据，对单井、单井沿路布置、两井及区域多井井位置进行模拟并优化，得到以下优化结果：

(1) 从单次优化结果 (见图 3-38) 看，机井水位呈现波动下降趋势。地下水位在持续下降，说明研究区即使使用喷灌，灌溉定额 (平水年灌溉定额 225 mm) 依然偏大，若要保持该地区水资源平衡，应减少灌溉用水，使用滴灌等更节水的技术。

(2) 单井优化结果中，最优井位并不在相邻两井中间位置，而是在相邻两井区间的 3/4 处，这是由于小区东北部荒地及村庄无灌溉用井，对耕地的地下水有补给作用。

(3) 对比图 3-31 与图 3-45 可以看出，距村庄和荒地越近，井群分布的密度越大，距村庄和荒地越远，井群分布密度越小，说明局部的补给条件变化对附近影响较大。若区域中无补给条件的差别，本书中的机井群布局优化结果将与井距法得出的结果相同。

(4) 从全局优化结果看，与目前井距法结果相比 (见图 3-31) 井群分布有较大变动，单次提水降深平均值比目前的井距法可减少 13.55 cm，对小区的能耗降低有一定作用。

从图 3-8 和图 3-9 可以看出，MODFLOW-2000 模拟值与观测值吻合较好，可作为地下水管理有效的工具。地下水运动是一个复杂的系统，书中模型概化较简单，与真实流场有一定差距。但应用在验证耦合模型对井群布局的优化方面，也能在一定程度上说明问题。单个机井的优化过程已经做到自动寻优，MODFLOW-2000 模型单次运行需 40 s (Intel i5 处理器)，单井寻优平均需运行 MODFLOW-2000 模型 10 次，单井时长约 8 min。但是多井寻优过程较烦琐。下一步要研究选井、确定寻优边界等算法，减轻人工强度。

3.8　本章小结

本章针对井灌区井群优化布局问题,建立了井群优化布局耦合模型,使用逐井迭代法进行了求解,与传统井距方法得到的结果相比,对降低机井能耗可以起到较好效果,结论如下:

(1)单次优化结果发现,研究区即使使用喷灌,机井水位依然呈现持续波动下降趋势,说明灌溉定额(平水年灌溉定额 225 mm)偏大,如要保持该地区水资源平衡,应减少灌溉用水,使用滴灌等更节水的技术。

(2)使用井群布局优化模型与水资源模拟模型(MODFLOW - 2000)得到的耦合模型,对井灌区井群布局进行规划,与传统井距方法得到的结果相比,机井平均降深减小 13. 55 cm,展示耦合模型可以起到降低能耗的效果,推荐使用此模型进行井群布局规划。

(3)使用黄金分割法求解耦合模型是可行的,单井寻优平均需运行 MODFLOW-2000 模型 10 次。单井的寻优已做到自动运行,但多井寻优过程相对较烦琐。下一步要研究选井、确定寻优边界等算法,减轻人工强度,提高效率。

(4)采用耦合模型考虑井灌区具体水文地质条件及补给条件进行优化,可以使水源地水资源开采利用规划更为科学合理。该规划方法不仅适用于灌区井群空间布局优化问题,而且可以推广应用于采矿、工程建设等项目基坑降水井设计、地下水回灌工程中的井群井空间布局等方面。

第 4 章　基于耦合模型的
井渠结合调度方法

　　近年来,随着灌区种植结构、黄河水量变化,多数引黄灌区已经从原来单一的引黄灌溉,发展为现在的地下水与地表水联合利用,实行井渠结合灌溉。但是由于灌溉时间、来水量等因素,渠道上游的耕地主要使用引黄灌溉,干、支渠末端主要使用井灌,经过多年的运行,灌区上游地下水位逐年上升,下游地下水位逐年下降,局部地区已经出现地下水超采"漏斗"。所以,进行灌区多水源统一调度管理显得十分必要。

　　本章以人民胜利渠灌区为研究对象,应用灌区水资源耦合模型综合考虑研究区域地表水及地下水条件,在灌区水资源平衡的条件下以灌区灌溉费用最小为目标,利用耦合模型对灌区灌溉地下水与地表水联合调度进行优化。

4.1　灌区概况

　　人民胜利渠灌区位于河南省新乡市,是中华人民共和国成立以后,在黄河中下游兴建的第一座大型引黄灌溉工程,初期设计灌溉面积 60 万亩,经过 60 多年的发展扩建,目前灌区灌溉面积已经达到 100 多万亩。该灌区(东经 113°31′~114°25′,北纬 35°00′~35°30′)位于黄河北岸,北边以卫河南长虹渠为界,南边以原阳的师寨、新乡的郎公庙、延津的榆林、滑县的齐庄一线为界;西边以武嘉灌区和共产主义渠为界;东边以红旗总干渠为邻。灌区主要包括新乡、焦作、安阳三市的新乡县、新乡市郊、原阳、获嘉、延津、卫辉、武陟、滑县共七县一市郊。人民胜利渠灌区位置见图 4-1。

图 4-1　人民胜利渠灌区位置

灌区水资源模拟模型 MODFLOW 的建立需要的数据主要包括地形高程数据、土壤数据、水文气象数据、水文地质、灌溉制度、地下水开采类型等。

4.1.1　自然条件

人民胜利渠灌区大部分地区属于黄河古河道冲积平原,另一部分属于太行山山前冲积扇,整个灌区呈一个条形地带,长度约 100 km,宽度为 5 ~ 25 km,灌区引水渠首地面高程 96.00 m,末端滑县高程约 68.50 m,平均地面坡降 1/4 000。从图 4-2 可以看出,人民胜利渠灌区整个地貌,本书将整个灌区分为黄河滩区、古黄河河槽、古黄河滩区、古黄河背河洼地、现黄河背河洼地、太行山前交接洼地六个单元。

4.1.1.1　土壤类型

灌区土壤有潮土、风砂土和盐土三大类。

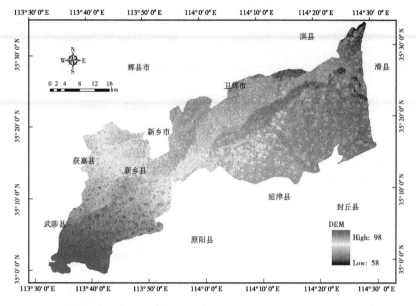

图 4-2　研究区 DEM 图

　　灌区土壤质地以潮土为主,潮土面积约占灌区总面积的 75%,灌区内潮土由黄河冲积发育而成,灌区内潮土主要分布在获嘉县、新乡县、卫辉市、延津县和武陟县等地;灌区内第二类土壤为风砂土,主要受黄河泛滥使颗粒较粗的沉积物经风力多次搬迁而形成,该类土壤在灌区内主要分布在大沙河南侧,风砂土面积约占灌区总面积的 12.5%;盐土类耕层含盐量大部分低于 0.1%,主要分布在柳青河两侧低洼地带和延津县的高寨、王楼一带,局部洼地也有零星分布,约占灌区面积的 8% 左右,零星分布在河道两侧或低洼地带。研究区土壤类型比例及分布见表 4-1 及图 4-3。

4.1.1.2　气象数据

　　人民胜利渠灌区属于暖温带大陆性季风气候区,灌区内降水主要集中于夏秋季,且降水时空分布与作物生长需水过程不同步,虽有 600 mm 左右的降水量,但由于年内分布不均匀,6~8 月三个月降水量约占全年总降水量的 70%, 特别是冬小麦生育期内, 作物生长需水主要依

表 4-1　研究区土壤类型

土壤类型	面积百分比(%)
小两合土	14.98
砂土	19.06
两合土	20.37
淤泥土	3.85
脱潮土	36.05
草甸风砂土	5.69

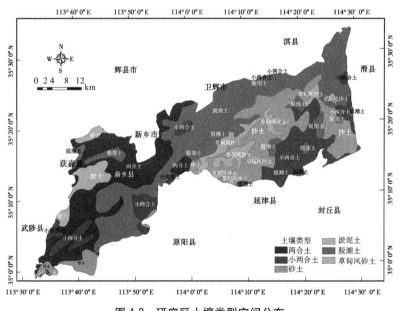

图 4-3　研究区土壤类型空间分布

靠灌溉和土壤贮水。灌区内光照充足,昼夜温差大,有利于农作物生长和干物质的积累,热量资源可满足小麦杂粮或麦秋两熟的需要,多年平均气温 14.5 ℃,无霜期 210~220 d。图 4-4 给出了 1951~2014 年灌区内年平均降水量。多年平均蒸发量为 1 864 mm。

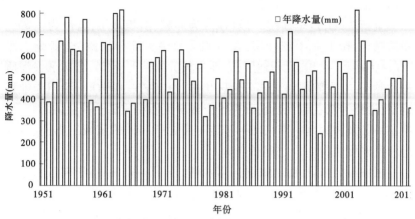

图 4-4　1951~2014 年灌区内年平均降水量

4.1.1.3　水文地质参数

根据 2000 年《河南省新乡县区域水文地质调查》成果,研究区地层从老到新分述如下:

岩性以棕红色黏土、粉质黏土为主,中夹粗砂、中砂、细砂。顶板埋深 40~240 m,最大揭露厚度 1 001.09 m。

下更新统(Q_1)为冰积地层,土质以黏土、粉质黏土和砂质土壤为主。黏土主要呈灰黄色、暗黄色、棕红色和紫红色;砂质土壤以泥包砾、夹粉砂、细砂层为主。灌区内顶板埋深从南到北逐渐变浅,厚度从南向北逐渐变薄,灌区内顶板埋深在 30~190 m,厚度为 15~70 m,砂层厚度为 16~60 m。

中更新统(Q_2)为洪积地层,地层土壤结构,上部以粉质黏土为主,土壤呈棕黄色,下部以中、细砂质土壤为主。灌区内顶板埋深从南向北逐渐变浅,厚度从南向北呈现逐渐变薄趋势,埋深为 25~140 m,厚度为 20~55 m。

上更新统(Q_3)上部和下部分别为冲积地层和洪积地层。上部以黏土和粉质黏土夹砂层为主,黏土呈黄色和浅棕色;下部以棕黄色黄土状粉土、粉质黏土夹中细砂层为主。灌区内岩层顶板埋深由南向北逐渐变浅,厚度逐渐变薄,埋深 10~93 m,厚度 30~70 m,其中砂层厚度

15~60 m。

全新统(Q_4):全新统一段(Q_{14})为冲积、洪积地层,岩性为浅黄色粉质黏土,粉土夹中细砂层,在古阳堤北绝大部分出露;全新统二段(Q_{24})为冲积、洪积、风积地层,岩性为灰黄色黏土、粉砂、细砂和淤泥质粉质黏土,在古阳堤南大部分地区出露;全新统三段(Q_{34})为沼泽堆积地层,岩性为灰黄色泥质粉砂夹粉土或淤泥质粉质黏土薄层,在固军—原庄一带及古固寨—南张庄—于店—庄岩所围成的区域出露,全新统地层的厚度也由南向北逐渐变薄。

根据灌区的含水层的岩性、富水性(见图4-5)等,将研究区划分为8个水文地质参数分区,见图4-6;灌区现状地下水埋深见图4-7。

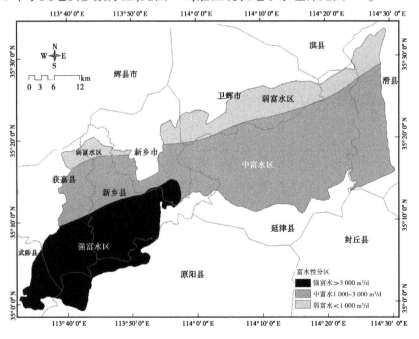

图4-5　浅层含水层组富水性分区

4.1.2　社会经济状况

人民胜利渠灌区主要覆盖焦作的武陟县,安阳的滑县以及新乡市

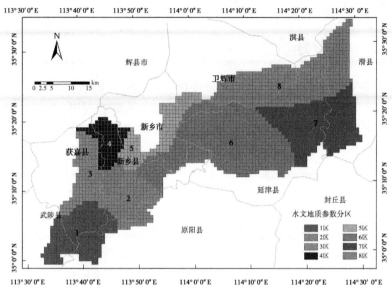

图 4-6　水文地质参数分区

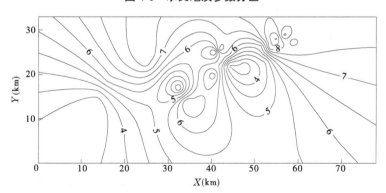

图 4-7　灌区现状地下水埋深(2008 年 1 月)

的新乡县、原阳县、延津县、卫辉县和新乡市郊区共七县一市郊。这些县(区)都属于国家粮食战略工程河南省核心区范围,其中人民胜利渠灌区共涉及七县一市郊的 47 个乡(镇),包括 973 个村,灌区内总人口为 108.64 万人,其中农业人口 95.94 万人,总劳动力 47.8 万人,全灌区农业总产值44.65亿元,农民人均纯收入2 016元。

4.2　模型建立

随着灌区种植结构、黄河水量变化,近年来,人民胜利渠已从原来单一的引黄灌溉,发展为现在的地下水与地表水联合利用,实行井渠结合灌溉模式的一个大型灌区。目前,灌区内渠道上游的耕地主要使用引黄灌溉,干、支渠末端因灌溉时间、来水量等因素,主要使用井灌,经过多年的运行,灌区上游地下水位逐年上升,下游地下水位逐年下降,局部地区已经出现地下水"漏斗",见图4-7。

这种情况不仅导致灌区下游地下水位持续下降,给机井提水水泵提出新的要求,而且增加灌溉用水提水的耗能成本;引黄灌溉导致上游地下水位持续上升,增加土地次生盐碱化风险,还会使地下水库实际库容减小,降低防涝渍灾害能力。为了防止这种地下水埋深分布不均的情况加剧,就要开发地下水与地表水联合优化调度模型,对灌溉多种水源进行统一调度管理。

本书拟通过构建地表水与地下水联合利用耦合模型,优化多水源联合利用模式,从而达到控制地下水位分布,使生态环境好转并提高灌区防治涝渍灾害能力的效果。建立多水源优化调度模型,模型结构见图4-8。

4.2.1　目标函数

引起地下水漏斗及土地盐碱化等环境问题的原因就是灌区上下游地下水位分布不均。而灌区的灌溉费用中包含了地下水位分布信息,并且当井位分布使地下水位分布趋于均匀时,相应的提水费用也较少。因此,把灌区分为多个小区(计算小格),以每个小区的灌溉用水(井水、渠水)为决策变量,选用灌区灌溉总费用作为目标函数,通过调整各小区的灌溉用水达到灌区灌溉费用最小:

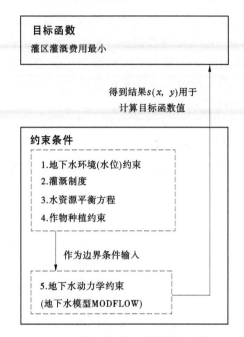

图 4-8　多水源优化调度模型结构

$$C = C_Y + C_G$$

$$= W_Y P_{uY} + P_{uG} \sum_{t=1}^{n_t} \sum_{i=1}^{n_G} w_G(i,t) D(i,t)$$

$$= W_Y P_{uY} + P_{uG} \sum_{t=1}^{n_t} \Big[\sum_{i=1}^{n_{WG}} w_{WG}(i,t) D(i,t) + \qquad (4-1)$$

$$\sum_{i=1}^{n_{RG}} w_{RG}(i,t) D(i,t) + \sum_{i=1}^{n_{CG}} w_{CG}(i,t) D(i,t) \Big]$$

式中: C 为灌区灌溉总费用, 万元; C_Y 为引黄灌溉费用, 万元; C_G 为抽取地下水灌溉费用, 万元; W_Y 为引黄灌溉量, 万 m^3; P_{uY} 为引黄灌溉单价, 元/m^3; P_{uG} 为抽取地下水单价, 元/($m^3 \cdot m$); $w_G(i,t)$ 为 t 时段、子区域 i 的地下水抽取量, 万 m^3; $w_{WG}(i,t)$ 为 t 时段, 种植小麦及玉米的子区域 i 的地下水抽取量, 万 m^3; $w_{RG}(i,t)$ 为 t 时段, 种植水稻的子区域

i 的地下水抽取量,万 m³;$w_{CG}(i,t)$ 为 t 时段,种植棉花的子区域 i 的地下水抽取量,万 m³;n_t 为总时段数;n_G 为地下水灌溉子区域数;n_{WG} 为种植小麦及玉米的地下水灌溉子区域数;n_{RG} 为种植水稻的地下水灌溉子区域数;n_{CG} 为种植棉花的地下水灌溉子区域数;$D(i,t)$ 为 t 时段内,第 i 子区域的地下水平均埋深,m。

4.2.2　约束条件

各作物的区域总面积之和一定,而且一年中各作物种植范围、数量应不变,所以有:

$$n_W + n_R + n_C = n_{Total} \tag{4-2}$$

$$\left. \begin{array}{l} n_{WY} + n_{WG} = n_W \\ n_{RY} + n_{RG} = n_R \\ n_{CY} + n_{CG} = n_C \end{array} \right\} \tag{4-3}$$

式中:n_{Total} 为子区域总数;n_W 为种植小麦及玉米的子区域数;n_R 为种植水稻的子区域数;n_C 为种植棉花的子区域数;n_{WY} 为种植小麦及玉米的地表水灌溉子区域数;n_{RY} 为种植水稻的地表水灌溉子区域数;n_{CY} 为种植棉花的地表水灌溉子区域数;其他符号意义同前。

井灌或渠灌都应满足作物的生长需要,但由于多年的耕种习惯,使用渠水灌溉时灌水定额较大;抽取地下水灌溉费用相对较高,灌水定额较小,无深层渗漏。经调查后,确定相同作物同时期渠灌灌水定额是井灌灌水定额的 1.6 倍。

$$\left. \begin{array}{l} w_W = w_{WY} = w_{WG} \times 1.6 \\ w_R = w_{RY} = w_{RG} \times 1.6 \\ w_C = w_{CY} = w_{CG} \times 1.6 \end{array} \right\} \tag{4-4}$$

式中:w_W 为种植小麦及玉米的子区域灌水量,万 m³;w_R 为种植水稻的子区域灌水量,万 m³;w_C 为种植棉花的子区域灌水量,万 m³;w_{WY} 为种植小麦及玉米的子区域的引黄水量,万 m³;w_{RY} 为种植水稻的子区域的引黄水量,万 m³;w_{CY} 为种植棉花的子区域的引黄水量,万 m³;其他符号意义同前。

作物井灌和渠灌有效灌水总量应等于净灌溉用水量(crop water requirment)。

$$W_Y/1.6 + W_G = W_{CWR} \qquad (4\text{-}5)$$

式中:W_Y 为引黄灌溉总量,万 m^3;W_G 为地下水灌溉总量,万 m^3;W_{CWR} 为净灌溉用水量,万 m^3。

为了灌区的可持续发展、生态环境的不恶化及地下水的可持续利用,抽取地下水的总量应与地下水补给量相平衡。

$$W_G = W_{TG} \qquad (4\text{-}6)$$

$$W_G = W_{WG} + W_{RG} + W_{CG} \qquad (4\text{-}7)$$

$$W_{TG} = (W_{WY} + W_{RY} + W_{CY}) \times 0.26 + P \times 0.18 \qquad (4\text{-}8)$$

由以上各式可得:

$$n_{WG} \cdot w_{WG} + n_{RG} \cdot w_{RG} + n_{CG} \cdot w_{CG}$$
$$= (n_{WY} \cdot w_{WY} + n_{RY} \cdot w_{RY} + n_{CY} \cdot w_{CY}) \times 0.26 + P \times 0.18$$
$$\qquad (4\text{-}9)$$

$$(n_{WG} \cdot w_W + n_{RG} \cdot w_R + n_{CG} \cdot w_C)/1.6$$
$$= (n_{WY} \cdot w_W + n_{RY} \cdot w_R + n_{CY} \cdot w_C) \times 0.26 + P \times 0.18$$
$$\qquad (4\text{-}10)$$

$$(n_{WG} \cdot 0.885 - 0.26 \cdot n_W)w_W + (n_{RG} \cdot 0.885 - 0.26 \cdot n_R)w_R +$$
$$(n_{CG} \cdot 0.885 - 0.26 \cdot n_C)w_C = P \times 0.18 \qquad (4\text{-}11)$$

$$n_{WG} \cdot w_W + n_{RG} \cdot w_R + n_{CG} \cdot w_C = P \times 0.2034 + 0.2938 \cdot$$
$$(n_W \cdot w_W + n_R \cdot w_R + n_C \cdot w_C) \qquad (4\text{-}12)$$

式中:W_G 为抽取的地下水量,万 m^3;W_{WG} 为种植小麦及玉米的区域抽取地下水量,万 m^3;W_{RG} 为种植水稻的区域抽取的地下水量,万 m^3;W_{CG} 为种植棉花的区域抽取的地下水量,万 m^3;W_{TG} 为灌溉及降水补给地下水总量,万 m^3;W_{WY} 为种植小麦及玉米的区域引黄灌溉水量,万 m^3;W_{RY} 为种植水稻的区域引黄灌溉水量,万 m^3;W_{CY} 为种植棉花的区域引黄灌溉水量,万 m^3;P 为降水量,万 m^3;其他符号意义同前。

为了尽快地回补地下水超采漏斗,并尽快地减小地下水高水位区域的次生盐碱化风险,建模时,一年中每个小区域的灌水方法只有井灌

或只有渠灌,这样建立模型及求解也比较方便:

$$IM_{ki} = \begin{cases} 0 & \text{井水灌溉} \\ 1 & \text{引黄灌溉} \end{cases} \quad (k = R, W, C) \tag{4-13}$$

$$\left. \begin{array}{l} \displaystyle\sum_{i=1}^{n_W} IM_{Wi} = n_{WY} \\ \displaystyle\sum_{i=1}^{n_R} IM_{Ri} = n_{RY} \\ \displaystyle\sum_{i=1}^{n_C} IM_{Ci} = n_{CY} \end{array} \right\} \tag{4-14}$$

式中:IM_{ki} 为各子区域中使用的灌溉水源;其他符号意义同前。

目标函数中的地下水埋深 $D(i,t)$、抽取的地下水量 W_G、灌溉及降水补给地下水总量 W_{TG} 等水量应该符合地下水运动规律。

灌区地下水开采利用以浅层潜水为主,而且由于缺少中深层地下水开采利用、地下水动态、水文地质参数等方面的资料,本次灌区地下水数值模拟的含水层为潜水含水层。研究区域潜水含水层为第四系松散岩类孔隙水,地下水在松散岩层中的运动过程符合达西定律;地下水系统的输入、输出随时间、空间变化,地下水系统为非稳定的分布参数系统;地下水系统参数、补排项随空间变化,体现出非均质性。因此,本书将研究区域浅层地下水系统概化成非均质各向同性、非稳定二维地下水流系统。

研究区垂向边界条件可概化为:垂向补给包括自然降水、农田灌溉以及输水渠系水入渗垂向补给;垂向排泄主要包括地表潜水蒸发、灌区内机井抽水;第四系松散岩层底板作为模型的底部边界,为隔水边界:

$$\mu \frac{\partial H}{\partial t} = \Box K \Box H - \varepsilon \tag{4-15}$$

式中:K 为渗透系数,m/d;H 为地下水位,$H = M - D$,M 为含水层厚度,m,D 为地下水埋深,m;ε 为源汇项,在本书中为地下水抽水量、井位、井流量及抽水时间等信息,由前给出,并通过优化求解最优解,d;μ 为给水度,m^{-1};t 为时间,d。

上边界条件为灌溉、降水补给:

$$- K \frac{\partial H}{\partial z}\bigg|_{z=0} = 0.26 \cdot w_{Y} + 0.18 \cdot P \qquad (4\text{-}16)$$

人民胜利渠灌区南临黄河,黄河水对灌区有补给作用,所以把灌区四周分为两段,南侧临黄河段 B_1 接受黄河水补给,北侧段 B_2 向下游补给:

$$- K \frac{\partial H}{\partial n}\bigg|_{B_1} = q_1 \qquad (4\text{-}17)$$

$$- K \frac{\partial H}{\partial n}\bigg|_{B_2} = q_2 \qquad (4\text{-}18)$$

式中:n 为边界法方向;B_1 为灌区南侧临黄河边界;B_2 为灌区北侧边界;q_1 为黄河对灌区地下水补给流量,m^3/d;q_2 为灌区地下水对下游地下水补给流量,m^3/d;其他符号意义同前。

4.3　模型参数

4.3.1　几何模型

根据灌区位置及范围进行几何模型的生成,并剖分网格,见图4-9,深色网格为无效单元,浅色网格为有效单元。

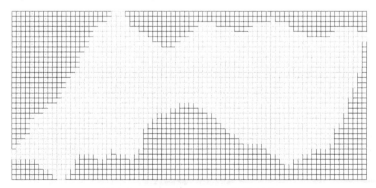

图 4-9　MODFLOW-2000 网格剖分

4.3.2　作物分区

农业是灌区人民经济收入的主要来源,研究区内主要种植小麦、玉米、棉花、水稻、油菜、花生等,灌溉种植模式以冬小麦–夏玉米/麦后棉等一年两熟为主,灌区内复播指数为1.7。根据灌区调查结果,对作物种植分区情况进行整理、简化后,得到如表4-2所示的分区结果:人民胜利渠灌区主要种植小麦、玉米、水稻等三种粮食作物和一种经济作物棉花,其中小麦和玉米轮作,冬小麦收获后,有80%麦地种植玉米。具体数值见表4-2。作物分区见图4-10。

表4-2　作物种类及种植面积

作物种类	种植面积		
	万亩	km²	比例(%)
小麦	74.96	500	65.79
玉米	59.97	400	52.63
水稻	22.49	150	19.74
棉花	16.49	110	14.47
总耕地面积	113.94	760	100.00
灌区国土面积	218.89	1 460	—

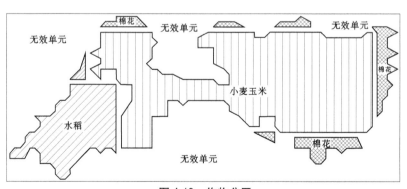

图4-10　作物分区

4.3.3　灌溉制度

人民胜利渠灌区经过多年的运行,农民的耕种、灌溉习惯比较固定,根据降水情况,小麦除播前灌外一般灌3~4次,玉米除播前灌外一般灌1~2次,水稻一般在泡田、返青、拔节抽穗及乳熟期灌溉,棉花一般灌溉3次左右。本书在对灌区资料进行整理分析的基础上,制定了各种作物的灌溉制度,见表4-3。

表4-3 人民胜利渠灌区灌溉制度

作物种类	灌水次数	1	2	3	4	5
水稻	灌水日期（月-日）	06-15	06-25	07-25	08-15	09-05
	灌水定额（m³/亩）	140	45	60	60	45
小麦	灌水日期（月-日）	09-25	02-25	03-25	04-25	05-25
	灌水定额（m³/亩）	80	80	80	80	80
玉米	灌水日期（月-日）	06-10	07-05	08-05		
	灌水定额（m³/亩）	100	80	80		
棉花	灌水日期（月-日）	03-25	06-05	07-05		
	灌水定额（m³/亩）	100	80	80		

4.3.4 MODFLOW模型参数验证

把前述水文地质参数、降水、灌溉用水等参数数据输入水资源模拟模型(MODFLOW-2000)中,初始条件中,地下水位数据输入值选2008年1月实时监测数据,并以2008年12月监测的试验数据对模拟结果进行验证,率定模型中的相关参数。进一步分析发现,模拟值与观测值均匀分布在1:1线两侧(见图4-11),使用观测点2008年12月观测值和模拟值绘制的地下水埋深等值线吻合也比较好(见图4-12),模拟值与观测值相对误差绝对值为0.350 9%~7.808 7%,相对误差绝对值的平均值为 1. 704 8%($n = 27$) ,$RMSE$ 值为 0. 088 9 m,完全可以满足地下水资源优化配置的需求,说明构建的耦合模型能够反映灌区地下水位的实际变化趋势。

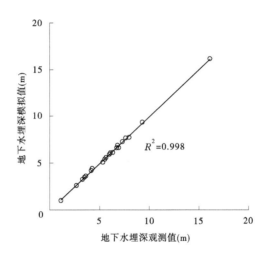

图 4-11　地下水埋深模拟值与观测值对比

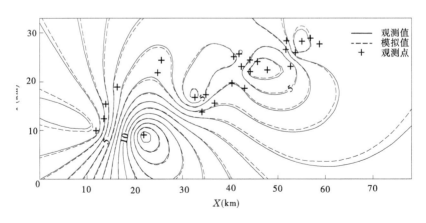

图 4-12　模拟值与观测值等值线对比

4.4　人民胜利渠灌区地表水地下水优化配置

　　人民胜利渠灌区经过 60 多年的运行和发展,目前灌区中各地块基本能达到井、渠双配套,这就给井渠结合调度创造了优越的条件。地下水与地表水联合调度的一个重要作用是干旱年多开采地下水,腾空库容;丰水年多引水补源,补给超采的地下水,最终使得多年水均衡。本节以人民胜利渠灌区为研究对象,使用前一年的气象数据及当年年初的地下水位情况,以单年水资源平衡为基础,制订灌区的灌溉井渠供水比例计划,并对各灌溉地块的水源(井灌或渠灌)进行空间分配。

　　第 1 节建立的地下水与地表水联合调度耦合模型[式(4-1)~式(4-17)]中,包含了水资源模拟模型[式(4-15)~式(4-17)],模型的求解实际上是在二维空间上分配灌溉水源(井水或渠水),是二维空间的多点寻优问题,而且每一种井渠位置分布形式又需要运行水资源模拟模型(MODFLOW-2000)进行模拟地下水降深后才能计算目标函数值,因此模型需要进行迭代求解。

　　首先由全区的水量平衡方程,根据降水量及作物需水量等信息计算井、渠灌溉总水量;在井、渠灌溉总水量的基础上,计算井、渠灌溉格数,并分配初始井渠分布形式;在初始分布形式中选择 1 井灌格,应用遗传算法对交换过程进行编码,调用 MODFLOW-2000 程序模拟地下水动态过程并计算目标函数值,对目标函数值进行比较、判断,若达到最优则输出这个井的最优交换形式。因为每种作物的灌溉定额不一样,如果交换的井灌格和渠灌格属于不同的作物,则水量平衡方程会出现偏差,就需要对井灌格和渠灌格的数量进行校核、调整。如果需要增加某种作物的井灌格,则把这种作物水位高的渠灌格变成井灌格;如果要减少某种作物的井灌格,则把这种作物水位低的井灌格变成渠灌格。调整完成后,判断是否对所有井灌格都进行了寻优,如果所有井灌格都完成了寻优,则可以输出结果;若还没有完成所有井灌格的调整,则再选择一个未进行优化计算的井灌格进行同样的寻优,直到所有井灌格都完成。寻优过程流程见图 4-13。

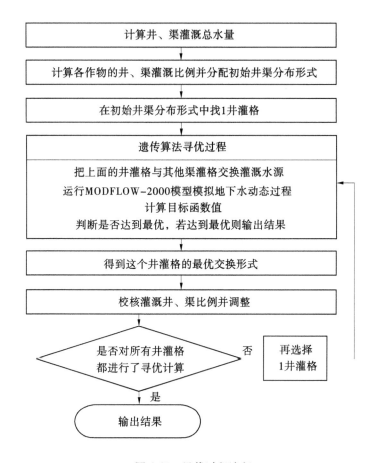

图 4-13　寻优过程流程

4.4.1　井、渠供水比例计算

根据各作物种植面积(见表 4-2)及灌溉制度(见表 4-3)计算出灌区年需水量 $W_{CWR} = 59\ 235.4$ 万 m^3,联立式(4-5)及式(4-8)可解出 $W_Y = 53\ 548.0$ 万 m^3;$W_G = 25\ 767.5$ 万 m^3,以及 $W_Y : W_G = 1 : 0.481\ 2$。

4.4.2　井灌格和渠灌格分配

根据前述计算结果及式(4-19)分配出各种作物种植区的井、渠供水比例。式(4-19)中 n_{WG}、n_{RG}、n_{CG} 为变量，$n_{WG} = 0 \sim 500$，$n_{RG} = 0 \sim 150$，$n_{CG} = 0 \sim 110$，其他量为常量。

$$n_{WG}w_W + n_{RG}w_R + n_{CG}w_C = P \times 0.203\,4 +$$
$$0.293\,8 \times (n_W w_W + n_R w_R + n_C w_C) \quad\quad (4\text{-}19)$$

式(4-19)中有三个变量，所以方程有多个解，可以先指定 n_{WG}、n_{RG}、n_{CG} 中任意的两个量，再由式(4-19)计算出第三个量，表 4-4 中列出了部分可行解的井、渠供水比例。

表 4-4　模型部分可行解的井、渠供水比例

No.	G_{WG}	G_{WY}	G_{RG}	G_{RY}	G_{CG}	G_{CY}
1	240	260	0	150	88	22
2	220	280	50	100	80	30
3	180	320	100	50	89	21
4	160	340	150	0	22	88

以表 4-4 中第 1 种井灌格和渠灌格的分配比例为初始比例。根据初始比例，指定各种作物的井灌格及渠灌格，结果见图 4-14。

4.4.3　对可行解进行编码

要使用遗传算法对优化模型进行求解，就要对各网格的灌溉水源交换寻优过程进行编码，即生成遗传算法的种子，本节对各种子进行整数编码。对所有渠灌格赋一个整数值，选择的井灌格与渠灌格交换灌溉水源的过程，用渠灌格的编码表示。

4.4.4　初始父代个体生成

随机生成 n(这里选择 $n = 50$)个 $[0, N_m]$ 区间上的整数，每个整数代表一种井灌、渠灌交换模式，作为 n 个初始父代群体 $y(i)$ ($i = 1$，

$2, \cdots, n)$。

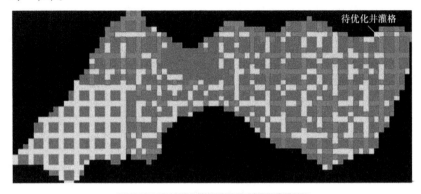

渠灌区域　井灌区域 非耕地区域　无效区域

图 4-14　初始模式井、渠灌格分布

4.4.5　迭代寻优过程

把第 i 个个体的井渠分布方式经过整理计算,输入 MODFLOW-2000 模型的".WEL"和".RCH"文件中,运行 MODFLOW-2000,得到地下水位数据,代入式(4-1)中得相应的 $C(i)$ 值。$C(i)$ 值越小,该个体的适应能力越强。

把已有父代个体按优化准则值 $C(i)$ 从小到大排序,称排序后最前面几个个体为优秀个体,以概率 $P(i)$ 选择第 i 个个体,共选择 $n-m$ 个个体,为增加 GA 进行持续全局优化搜索能力,这里把最优秀的 m 个父代个体直接加进子代群体中,进行移民操作后,得子代个体 $y1(i)$ $(i=1,2,\cdots,n)$。这里 m 取 5。

按概率 $P(i)$ 随机选择一对父代个体 $y(i1),y(i2)$ 作为双亲,并以自适应杂交概率 P_c 进行随机线性组合,产生一个子代个体 $y2(i)$ $(i=1,2,\cdots,n)$。

在 GA 中,以父代个体 $y(i)$ 的自适应变异的概率 $P_m(i)=1-P(i)$ 来代替个体 $y(i)$,从而得到子代个体 $y3(i)$ $(i=1,2,\cdots,n)$。

迭代运行上面过程多次(500 次)后,可以得到接近最优的结果。即得到接近最优的井渠布置方案。

4.4.6　单井灌格最优交换分布形式

通过前述方法,可以求出单井的井渠供水比例的最优井渠分布模式及目标函数值 C,下面列出单井灌格交换寻优过程的部分结果绘制的目标函数值等值线图(见图 4-15)。

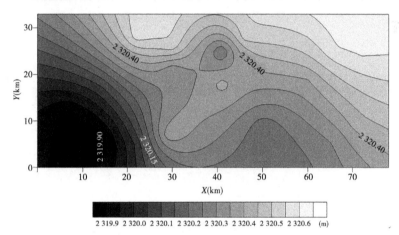

图 4-15　单井灌格交换寻优过程目标函数值等值线图

从图 4-15 可以看出,左下角的位置目标函数值较小(左下角是灌区的上游,临近取水口)。目前,上游位置主要使用渠水灌溉,地下水位较高,因此在灌区上游位置使用井水灌溉会降低提水成本,并降低上游地下水位,对环境有促进作用。

经过多次的交换寻优,可以得到这个井灌格最优交换分布形式,见图 4-16,第 1 井灌格最优交换模式的地下水埋深分布见图 4-17,计算得到的目标函数值 $C = 2\,319.87$ 万元。

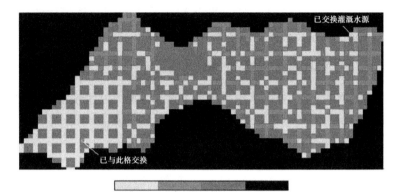

图 4-16　第 1 井灌格最优交换分布

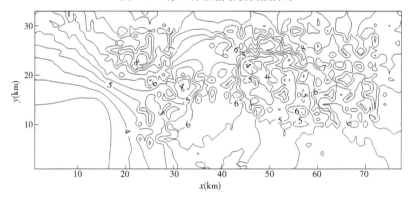

图 4-17　第 1 井灌格最优交换模式的地下水埋深分布

4.5　运行结果及分析

　　按前述方法对井灌格进行交换,直到所有井灌格都经过交换寻优,这样就能得到最优的井渠灌溉分布形式。

4.5.1　优化结果

　　表 4-5 中展示了优化过程中的部分中间结果, 有四种井渠灌水比例,每种灌水比例选择了五种井渠分布灌水模式。其中,模式 1 为上述

表 4-5　部分计算结果展示

模式编号 No.	小麦井灌 格数	小麦渠灌 格数	水稻井灌 格数	水稻渠灌 格数	棉花井灌 格数	棉花渠灌 格数	井灌费用 (万元/年)	渠灌费用 (万元/年)	总费用 (万元/年)
1	240	260	0	150	88	22	425.37	1 895.22	2 320.59
2	240	260	0	150	88	22	421.59	1 895.22	2 316.81
3	240	260	0	150	88	22	420.96	1 895.22	2 316.18
4	240	260	0	150	88	22	422.28	1 895.22	2 317.50
5	240	260	0	150	88	22	422.49	1 895.22	2 317.71
6	220	280	50	100	80	30	418.45	1 894.68	2 313.13
7	220	280	50	100	80	30	416.06	1 894.68	2 310.74
8	220	280	50	100	80	30	418.18	1 894.68	2 312.86
9	220	280	50	100	80	30	418.08	1 894.68	2 312.76
10	220	280	50	100	80	30	414.36	1 894.68	2 309.04
11	180	320	100	50	89	21	396.62	1 894.32	2 290.94
12	180	320	100	50	89	21	394.52	1 894.32	2 288.84
13	180	320	100	50	89	21	394.56	1 894.32	2 288.88
14	180	320	100	50	89	21	396.00	1 894.32	2 290.32
15	180	320	100	50	89	21	395.02	1 894.32	2 289.34
16	160	340	150	0	22	88	356.08	1 893.78	2 249.86
17	160	340	150	0	22	88	357.76	1 893.78	2 251.54
18	160	340	150	0	22	88	352.50	1 893.78	2 246.28
19	160	340	150	0	22	88	356.66	1 893.78	2 250.44
20	160	340	150	0	22	88	357.11	1 893.78	2 250.89

的初始模式,从表4-5中可以看出,模式18中的费用最低,为2 246.28万元/年;模式1费用最高,为2 320.59万元/年,两者相差74.31万元/年。可以看出,使用本书提出的优化模型进行地下水与地表水联合调度,在灌水质量不变的前提下,可以节约灌溉成本。

4.5.2 结果分析

表4-5中展示了计算结果的供水比例、地表水引水费用、地下水引水费用及总费用等信息,下面把影响灌区环境可持续发展的各关键因素,如井位、抽水量,引水灌溉及地下水埋深分布等结果也做一些分析。

初始模式1中小麦-玉米种植区的井渠供水比例为240∶260,水稻为0∶150,棉花为88∶22。井、渠灌格分布见图4-14,渠灌范围主要集中在上游,井灌区分布于中下游,这与目前的井、渠结合灌水模式较接近。这种分布模式的地下水埋深分布见图4-18。

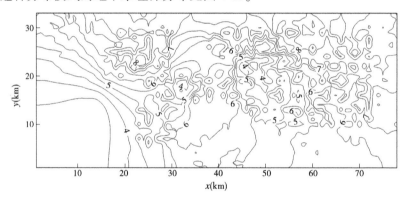

图4-18　模式1地下水埋深分布

从地下水埋深5的结果中可以看出,上游地下水埋深较浅,中下游地下水埋深较深,地下水埋深最浅为3.020 m,相比初始条件中最浅地下水埋深3.087 m有所减小;地下水埋深最深为9.465 m,比初始条件中最大地下水埋深8.941 m有所加大。而初始平均地下水埋深为5.694 m,模式5的结果中,平均地下水埋深是5.842 m,地下水位有所下降。如果继续按照模式5中的井渠分布模式运行,则在灌区平均地下水位下降的情况下,灌区最高水位上升,即灌区水位差加大。

最优结果模式 18 中小麦 – 玉米种植区的井、渠供水比例为 160∶340,水稻为 15∶0,棉花为 22∶88。井、渠灌网格分布见图 4-19。

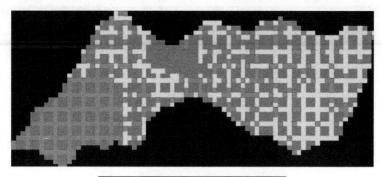

渠灌区域　　井灌区域　　非耕地区域　　无效区域

图 4-19　最优模式井、渠灌网格可知分布

从图 4-19 可以看出,最优模式中灌区上游主要使用井灌,而渠灌区分布于中下游。这与目前的井渠结合灌水模式不同。这种分布模式的地下水埋深见图 4-20。

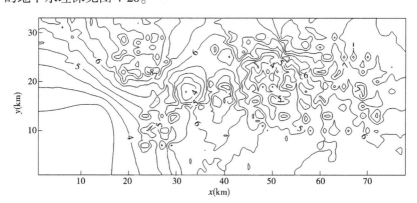

图 4-20　最优模式地下水埋深分布

从地下水埋深模式 18 结果中可以看出,上游地下水位较浅,中下游地下水位较深。但地下水埋深最浅为 3.430 m,相比初始条件中最

浅地下水埋深 3. 087 m 的地下水位有所下降；而地下水埋深最深为
8. 863 m,比初始条件中地下水埋深最大值 8. 941 m 的地下水位有所上
升。初始平均地下水埋深为 5. 694 m,模式 18 的结果中,平均地下水
埋深是 5. 761 m,地下水位下降值小于模式 5。如果按照模式 18 中的
井渠分布模式运行,则灌区水位差有减小趋势。

4.6　本章小结

　　本章针对人民胜利渠灌区井渠结合调度问题,构建了地下水与地
表水联合调度耦合模型,并使用逐格迭代加遗传算法对耦合模型进行
了迭代求解,得出了基于单年水资源平衡的灌溉水源最优分布结果,如
下：

　　(1)从最优模式中可以看出,这种调度方法可以节约灌水成本
74. 31 万元/年。

　　(2)通过优化计算得到的井渠分布,可以防止上游地下水位持续
上升,降低了土地次生盐碱化风险,并可以防止局部地区的地下水位持
续下降,从而减小形成地下水开采漏斗的风险。

　　(3)使用逐格迭代加遗传算法是可行的,可以较快速地得到最优
解。

　　(4)这种运行模式使用水量平衡方程[式(4-5)~式(4-8)]制订灌
水计划,从而实现了灌区内的水资源平衡利用,因此最大限度地利用了
天然降水,减小了引黄水量。

第 5 章　基于耦合模型的旱涝交替灌区排水工程设计优化

旱涝交替灌区的水资源问题不仅要考虑灌溉用度,还要考虑灌区农田排水,如果因为降水或地下水位抬升等因素作用,使农田土壤水分特别是根区土壤水分长时间处于饱和状态,或产生农田地表积水,就会使作物根区环境恶化(主要表现在水分过多、根区土壤孔隙率降低、地温明显下降、养分流失等),进而抑制了作物根系及地上部的正常生长,最终影响作物产量。对于大多数农作物而言,渍害对作物生长以及经济产量形成的负面影响程度主要受作物经历渍害历时影响,与其呈正相关关系。因此,建立农田排水优化调度,通过农田水分管理最大程度地缩短农作物受渍时间,对于减轻渍害对农业生产的负面影响,保证我国粮食安全具有十分重要的现实意义。

本章以淮滨县北部农田为研究对象,应用灌区水资源耦合模型综合考虑研究区域具体土壤及地下水条件,以灌区排水系统工程投资最小为目标,利用耦合模型对灌区排水管安装间距、埋深进行寻优,对该区排水工程设计进行优化。

5.1　灌区概况

南方旱涝交替区灌区用水除灌溉外还要考虑暴雨后的排水和作物受渍问题,本节选择淮河流域的淮滨县北部农田的排水进行分析,试验区位置见图 5-1。

5.1.1　自然条件

淮滨县位于淮河中上游,河南省东南边陲,西以间河与息县为界,北和东北靠洪河与安徽临泉、阜南为邻,南和东南以白露河与固始、潢

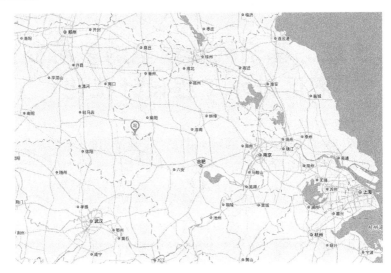

图 5-1 试验区位置

川相望,西北部有一小段和新蔡接壤。地理坐标:东经 115°00′54″~115°35′31″,北纬 32°14′57″~32°38′19″。东西长约 52 km,南北宽约 43 km,全县总面积 1 208.6 km²,人口 60.7 万人。

淮滨县境内地势由西北倾向东南,最高海拔 54.6 m,最低海拔 25.0 m,平均海拔 39.8 m,平均坡降为 1/2 500,淮河以北为平原,淮河以南张庄—王店为岗地,其余为平原。区内主要河流有淮河、洪河、白露河、闾河,均为淮河水系,其中淮河由息县长陵集入境,自西到谷堆白露河口出境。洪河自西北向东南、闾河自北向南、白露河自西南向东北流入淮河。

5.1.1.1 气象水文

区内属北亚热带半湿润性气候,四季分明,雨量充沛,气温适中。据淮滨气象站 1959~1995 年资料,最冷月(1 月)平均气温 1.6 ℃,最热月(7 月)平均气温 28 ℃,月平均气温 15.3 ℃,最高气温 40.7 ℃(1988 年),最低气温-15.8 ℃(1991 年)。多年平均降水量 956.50 mm,最大降水量 1 465.4 mm(1987 年),最小降水量 444.0 mm(1966 年)。多年平均蒸发量 1 424.3 mm(1985~1995 年)。由于受季风气候的影响,降水年内分配不均,降水主要集中在 6~8 月,约占全年降水总量的 45%。全年无霜期 224 d 左右。灾害性天气为春季的晚霜、5 月的干热风及夏秋的旱涝等。

淮河是区内的主干河流,洪河、白露河、闾河为淮河的一级支流。淮河位于中部,发源于桐柏山太白顶西侧牌坊洞,全长 1 000 多 km。淮滨上游汇水面积 16 100 km²。区内淮河长 70 km,河床平均宽 200~300 m,属长年性河流。据淮滨水文站 1969~1995 年资料,多年平均水位 22.38 m,多年平均流量为 15.73 m³/s,汛期最高水位为 33.29 m(1968 年),汛期平均流量为 285.6 m³/s(6~9 月),最大流量为 16 100 m³/s(1968 年),无结冰期。

洪河发源于河南省舞阳县龙头山,全长 350 km,流域面积 12 380 km²。自淮滨县麻里店入县境,在王岗乡前刘寨附近的洪河口汇入淮河并出县境,境内长 71 km,河床平均宽 80 m,流域面积为 326 km²。洪河属长年性河流,方集站多年平均水位 24.78 m,汛期最高水位 32.87 m。班台站多年平均流量 67.03 m³/s,6~9 月平均流量为 129.73 m³/s,最大流量为 159 m³/s(1975 年 8 月)。

白露河发源于河南省新县小界岭,全长 141 km,流域面积 2 238 km²。白露河自淮滨北庙乡吴楼村入县境,在谷堆乡孙岗村吴寨出县境入淮河,境内长 51 km,河床平均宽 75 m,流域面积 285 km²,年径流量 0.701 亿 m³。白露河属季节性河流,因季节不同而水量、水位变化差异很大。北庙站平常水位 20~21 m,汛期最高水位 33.35 m,枯水季节河水几乎断流。

闾河发源于河南省正阳县,全长 103 km,流域面积 898 km²。闾河自淮滨县防湖乡胡园村前郑庄入县境,在吉庙乡淮滨村闾河口入淮河,境内长 22.7 km,流域面积 85 km²。河床平均宽度为 65 m,闾河属季节性河流,因季节不同其水量、水位差异很大。包信站平常水位 24.6 m左右,汛期最高水位 39.12 m,最大流量 1 350 m³/s。上述河流以排泄地下水为主,仅在洪水期补给地下水。

区内渠道纵横,沟塘密布,水库较多。其中,以兔子湖水库、方家湖水库和杨庄水库为最大。兔子湖水库位于淮滨县城南 6 km,总库容

850 万 m³,兴利库容 26 万 m³,最高水位 33. 6 m,兴利水位 31. 5 m。方家湖水库位于期思乡东南 2. 5 km,库区呈长方形,水深平均 3 m,汇水面积 6. 5 km²,库容 807. 2 万 m³。杨庄水库位于麻里乡东南部,库区呈长方形,水深 5 m,汇水面积 924 万 m²,最大库容 230 万 m³,兴利库容 88 万 m³。

　　以上河流、水库及沟塘为农田灌溉提供了丰富的地表水资源。

5. 1. 1. 2　地貌

　　淮滨县位于大别山北麓山前倾斜平原与淮河冲积平原接壤处,地势由北西向南东缓倾斜,南部及东部平原由剥蚀残岗及河谷平原相间,西部由广阔的缓倾斜平原组成,地形较平坦。根据地貌形态区内分为岗地和平原两大类四个亚类:①剥蚀岗地(Ⅰ);②冲湖积缓倾斜平原(Ⅱ₁);③冲积缓倾斜平原(Ⅱ₂);④冲积河谷平原(Ⅱ₃)。试验区地貌分区见图 5-2。

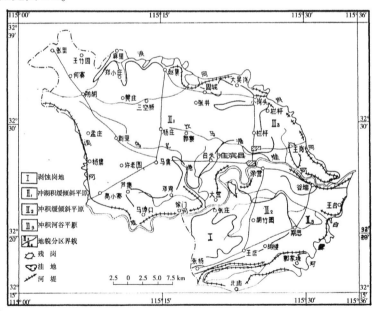

图 5-2　试验区地貌分区

5.1.1.3 地层

区内无基岩出露,均被新生代第三纪及第四纪沉积物所覆盖,构成了地下水赋存的物质条件。第四系发育齐全,地表出露有中更新统、上更新统和全新统。本区第三系分布在第四系之下,为上第三系。下面由老到新分述如下:

(1)上第三系(N_2)。本层无出露,埋藏于第四系下更新统之下,岩性为棕黄色、厚—巨厚层状粉砂质岩、细砂岩、粉砂岩。厚度达744.5 m。

(2)第四系,下更新统(Q_1^{fgl})。地表无出露,埋藏于中更新统之下,区内均有分布。根据钻孔资料,下更新统在区内厚度较大,在马集—淮滨一带厚度可达375 m。埋深北部较南部大,西部较东部大,埋深为51~100 m,顶板标高-71.50~-15.66 m;淮河以南祝老寨至邻家庄一线,埋深为50.66 m,顶板标高-15.66 m;洪河南岸陈营、大吴岗一带埋深达100 m,顶板标高-71.5 m;淮滨县城埋深70.44 m,顶板标高-40.44 m。岩性主要为灰白色的含砾泥质中粗砂、泥质粉细砂、泥质中细砂;半胶结泥质中细砂、泥质中细砂、泥质细砂及灰绿色、棕红色亚黏土,局部有亚砂土。下更新统可见砂层8~10层,总厚度42.4~117 m,单层厚度2~10 m,最大单层厚度57 m,最小单层厚度1.12 m。剥蚀残岗区砂层厚度较小。下更新统成因属冰水湖相沉积。

(3)第四系,中更新统(Q_2^{al-pl})。出露于岗坎—张庄以南,洪营—袁营孜以西,张扬集—葛小庄—赵棚孜以北的岗区以及王岗、徐营、后周岗等地的剥蚀残岗区。平原区埋藏于上更新统之下,平原区顶板埋深18~62 m,砂层厚度15~27 m,在兔子湖水库以南顶板埋深最小,仅1.34 m,砂层厚度11.58 m。岩性以黄褐色、灰黄色中砂、含泥细砂、泥质砂砾石及棕红色亚黏土为主,砂层分布较稳定,底部有一层泥质含砾中粗砂。其成因为冲洪积相沉积。

(4)第四系,上更新统(Q_3^{al-l},Q_3^{al})。分布于淮河以北大部地区及淮河以南王店—龙窝—兔子湖水库一带。在晚更新世初,由于淮河受构造活动的影响,由北向南改道。因此,在淮河以北形成了一套冲湖相沉积物(Q_3^{al-l}),淮河以南形成了一套冲积物(Q_3^{al})。本统厚度1.34~58.0 m,砂层厚度在马集—新里一带最厚,厚度为20~32 m,在防胡一带最薄,厚度为 2~9 m,其余厚度为 10~16 m;底板埋深马集—新里及兔子湖水库—李围孜一带大于 50 m,在防胡一带 20~40 m,在台头一带无砂层分布,岩性多为灰褐色、灰黄色、灰黑色及灰色亚黏土、粉细砂层。淮河以北亚黏土呈灰褐色、灰黑色,具大孔隙、大裂隙及垂直节理发育,并富含钙质结核;淮河以南亚黏土呈灰黄色、灰色,结构致密,黏性大,富含铁锰质结核,直径 2~5 mm。砂层松散,饱水,分选性好,磨圆度一般,砂粒成分以石英、长石为主,含少量暗色矿物。

　　(5)第四系,全新统(Q_4^{al})。广泛分布于现代河流的河床及河谷平原地带,在淮滨县城厚度达 16 m,其中砂层厚 10 m,岩性以灰黄色亚砂土及细砂、粉砂为主。亚砂土结构松散,根虫孔发育,层理发育。砂层松散,分选性好,磨圆度好,砂粒成分为石英、长石,可见白云母碎片及白色螺片。其成因为河流相沉积。

5.1.1.4　水文地质特征

　　按含水介质孔隙性质划分为松散岩类孔隙水,其含水层组为松散岩类孔隙含水层组。依据含水岩组的埋藏条件、水力性质,以上更新统和中更新统较连续的一层稳定隔水层为界,其以上为浅层含水层组,以下为中深层含水层组(控制深度 185 m)。下面仅介绍和灌溉排水密切相关的浅层含水层组。

　　区内广泛分布浅层含水层组,其组成岩性为全新统、上更新统及中更新统的泥质粉细砂、细砂、中粗砂、砂砾石及亚砂土、亚黏土。含水砂层的底板埋深变化较大。在张里—防胡—赵集一带底板埋深 20~40 m,在芦集—马集—新里—三空桥一带,底板埋深大于 50 m;淮河以南岗地区砂层底板埋深小于 10 m,其余底板埋深 10~30 m。含水砂层的空间分布较稳定,局部呈透镜体状。在新里—马集一带形成椭圆形沉积中心。浅层含水层组可见 2 层砂层,单层厚度 4~18 m。累计厚度 9~20 m。浅层含水层厚度等值线图见图 5-3。

5.1.2　社会经济条件

　　2017 年末,淮滨县总人口 77.96 万人,生产总值 168.27 亿元,是全国商品油粮基地。淮滨主要农作物有小麦、水稻、玉米、红薯、油菜、

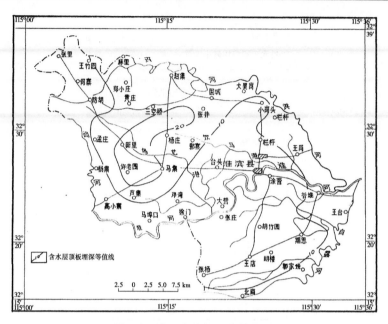

图 5-3 浅层含水层厚度等值线

花生、芝麻等。全年粮食总产量 57.04 万 t。

2017 年 5 月,淮滨县被国家评为"中国十佳生态旅游城市""中国绿色生态模范县"。造船、纺织、酿酒、农副食品加工是淮滨县四大支柱产业,规模以上工业总产值 177.1 亿元。全社会消费品零售总额72.95 亿元。

5.2 模型建立

使用耦合模型对排渍工程进行寻优,利用耦合模型中水资源优化配置模型与排水模拟模型之间公共变量和计算结果等信息的相互协调,达到合理布置排水工程的目的。耦合模型结构见图5-4,模型中的排水动力模型部分作为约束条件嵌入优化模型中,并通过地下水位、排水量等公共参数进行数据传递。

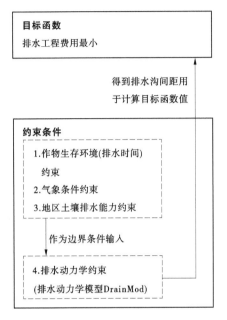

图 5-4　耦合模型结构

5.2.1　目标函数

排水工程由多级排水管组成,一般末级排水管的长度最长,对系统排水效果及投资影响最大,所以本章以一定的排水效果时排水工程末级管道的单位面积投资最小作为目标。目前,排水波纹管一般包裹无纺布,不再使用反滤层。安装沟开挖都使用机械化施工,挖掘机一般可以直接开挖成矩形沟,开沟宽度有各种固定规格,深度在一定范围内可以调节。所以,排水工程末级管道投资可以概化为两部分:①排水管铺设时开挖及回填的施工费用;②管材和辅助材料的购买及安装费用。

$$\min z = P_1 + P_2 \tag{5-1}$$

式中:z 为目标函数,排水工程末级管道单位面积费用,元/亩;P_1 为单位面积末级排水系统安装时的开挖回填费用,元/亩;P_2 为单位面积末级排水系统及辅助材料的购买运输连接费用,元/亩。

$$P_1 = B \cdot H \cdot L \cdot p_1 \tag{5-2}$$

$$P_2 = L \cdot p_2 \tag{5-3}$$

式中:B 为末级排水管安装沟开挖宽度,当地安装直径 110 mm 排水管开挖 110 cm 深度以内的安装沟一般为 0.4 m,开挖 110~130 cm 深度的安装沟一般为 0.6 m,开挖 130~150 cm 深度的安装沟一般为 0.7 m;H 为末级排水管安装深度,m;L 为单位面积末级排水管安装长度,m/亩;p_1 为单位体积土方开挖回填费用,当地机械化施工费用为 13.1 元/m^3;p_2 为单位长度排水及辅助材料购买及安装时的搬运连接费用,当地直径 110 mm 波纹排水管加双层无纺布的购买及运输费用为 12 元/m。

$$z' = (B \cdot H \cdot p_1 + p_2) \times L \tag{5-4}$$

$$z = (B \cdot H \cdot p_1 + p_2) \times \frac{667}{D} \tag{5-5}$$

式中:D 为排水管安装间距,m;其他符号意义同前。

式(5-5)中,B、p_1 和 p_2 为常数,B 与当地土质及排水管直径等有关,p_1、p_2 一般与工程地点有关,则式(5-5)中的目标函数值 z 只与排水管安装深度 H 及间距 D 有关。

5.2.2 约束条件

5.2.2.1 土壤排水能力

对该区域土壤进行取样分析,得出土壤水分特征曲线(排水条件),见图 5-5。

5.2.2.2 作物耐渍能力

作物耐渍能力即作物对涝渍胁迫的敏感性,为了探索不同作物、不同时期的耐渍能力,众多学者先后开展了大量的理论与试验研究,取得了丰硕的研究成果。已有研究成果主要集中于不同作物适宜的地下水埋深(地下水埋深与作物耐渍指标之间的关系)和不同旱作物的耐涝渍能力(作物耐渍指标与作物受淹深度和耐淹历时之间的关系)两方面。《农田排水试验规范》(SL 109—1995)中已经提出了以一次降水后地下水动态和以一定时期地下水位连续动态作控制指标的农田排渍试验设计及其方法[156],并且在《农田排水工程技术规范》(SL/T 4—

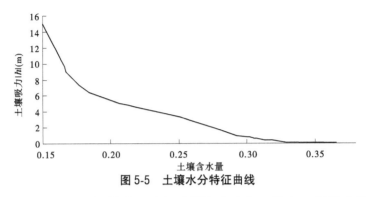

图 5-5　土壤水分特征曲线

1999)中提出了排涝、排渍速度标准[157],如《农田排水工程技术规范》(SL/T 4—1999)3.2.2 条明确指出,旱作区可采用 1~3 d 暴雨 1~3 d 排除,稻作区可采用 1~3 d 暴雨 3~5 d 排至耐淹水深。《农田排水工程技术规范》(SL/T 4—1999)3.2.3 条指出,旱作区在渍害敏感期可采用 3~4 d 内将地下水埋深降至 0.4~0.6 m,稻作区在晒田期 3~4 d 内降至 0.4~0.6 m。本书选择 3 d 内水深降至 0.5 m 作为约束条件。

5.2.2.3　气象条件

DRAINMOD 模型一般需要输入降水量及日最高气温及最低气温等气象数据,本节使用当地 1951~2016 年的气象数据进行优化分析,下面列出当地的年降水量、2014 年的逐日降水量及日最高气温、日最低气温,见图 5-6~图 5-8。

5.2.3　排水模拟模型(DRAINMOD)

DRAINMOD 模型由美国北卡罗来那州立大学研究人员开发,该模型起初主要用于农田尺度水文研究。DRAINMOD 模型自 20 世纪 70 年代问世以来,得到了不断的补充和完善,该模型采用较为简单的函数关系来描绘农田水文变化过程,包括入渗、地下排水、暗灌、地表径流、腾发(ET)和深层渗漏,根据农田排水理论(见图 2-5),农田计划层土壤贮水量变化符合水量平衡方程[158]:

$$\Delta Va = P - S - RO - ET - DD - DS \tag{5-6}$$

式中:ΔVa 为计算土体内的贮水变化量,mm;P 为上表面输入水量,一

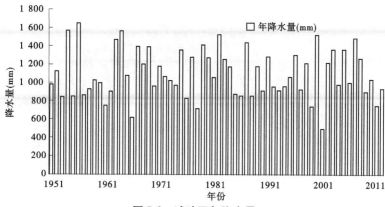

图 5-6　试验区年降水量

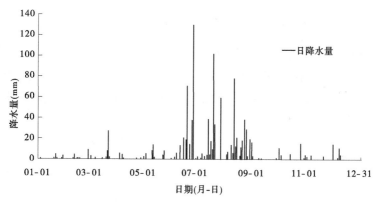

图 5-7　试验区 2014 年逐日降水量

般为灌溉和降水,mm;RO 为地表产流,mm;S 为地表的暂时积水,mm;DD 为计算土体的侧向排水,mm;ET 为实际的蒸发蒸腾总量,mm;DS 为向土体下部的深层渗漏,mm。

图 2-5 中土体的侧向排水量 DD 及地下水位利用下式计算[158]：

$$\mu_d \frac{\partial h}{\partial t} = \frac{\partial}{\partial x}\left(Kh\frac{\partial h}{\partial x}\right) + W \tag{5-7}$$

式中:h 为地下水位高度;μ_d 为给水度;K 为渗透系数;W 为源汇项; x 为空间坐标;t 为时间。

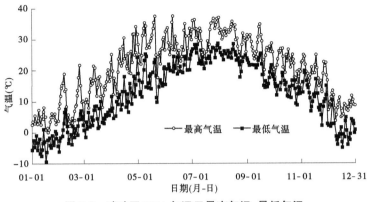

图 5-8 试验区 2014 年逐日最高气温、最低气温

5.2.4 DRAINMOD 模型参数

利用 DRAINMOD 模型进行农田水文研究,只需要输入研究区农田土壤基本参数、研究区排水系统相关参数和研究时段的基本气象资料(日最高气温和最低气温、降水量等常规气象资料)。DRAINMOD 模型排水系统相关参数见表 5-1。

表 5-1 DRAINMOD 模型排水系统相关参数

参数类型	参数	取值								
侧向饱和导水率	深度(cm)	0~450								
	导水率(cm/h)	0.294								
土壤排水蒸发参数	地下水埋深(cm)	0	10	20	30	45	60	90	120	
	排水量(cm)	0	0.275	0.717	1.306	2.423	3.76	6.829	9.981	
	蒸发量(cm)	0.35	0.35	0.228	0.102	0.044	0.016	0.005	0	
Green-Ampt 入渗参数	地下水埋深(cm)	0	10	20	40	60	80	100	150	200
	A(cm/h)	0	0.491	0.981	2.031	2.845	3.808	5.094	7.361	7.361
	B(cm/h)	1.2	1.2	1.2	2.7	2.7	2.7	2.7	2.7	2.7
土壤水分特征曲线	负压力(cm)	0	−10	−30	−100	−300	−700	−3 000	−10 000	
	体积含水量	0.385	0.356	0.343	0.317	0.255	0.179	0.128	0.098	
排水特性	排水模数(cm/d)	2.05								
	不透水层埋深(cm)	450								

5.2.5　模型参数检验

试验于 2014 年进行,试验区面积 0.8 hm²,土地平整,无明显坡度。区内设置两组试验,试验小区布置见图 5-9,试验区排水管间距分别为 15 m 和 30 m,共布置 7 条 60 m 长的排水波纹暗管,1~4 号暗管埋深 0.9 m,5~7 号暗管埋深 1.2 m。小区 B 和小区 E 是观测小区,每隔 3 m 设一观测孔。

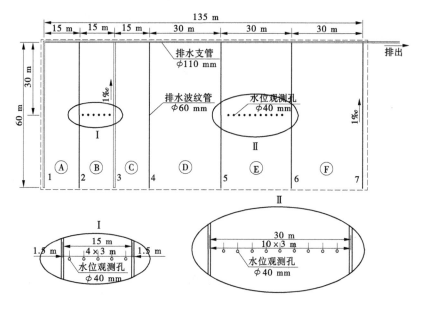

图 5-9　试验小区布置

通过 DRAINMOD 模型模拟试验区地下水埋深的动态变化过程,将地下水埋深的模拟值与实测值进行对比,检验模型的合理性。

2014 年 7 月 4~5 日,试验区降水 112 mm。降水后在图中标记位置采集了地下水埋深数据,处理后与模拟值进行了对比,结果见图 5-10 及图 5-11。

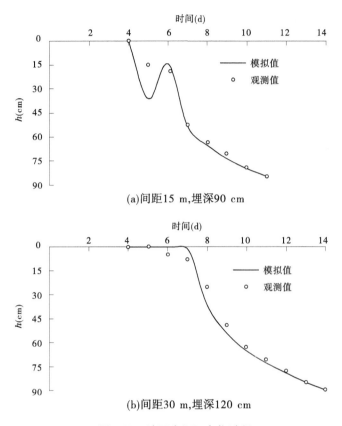

(a)间距15 m,埋深90 cm

(b)间距30 m,埋深120 cm

图 5-10　地下水埋深变化过程

　　从图 5-10 可以看出,地下水埋深过程线的后半段吻合要好于前半段。这是由地下水埋深过程线的前半段变化剧烈,而采样的时间与模拟输出的时间不同引起的。

　　从总体看,两种间距及埋深的地下水埋深观测值和地下水埋深模拟值变化趋势一致,图 5-11 中两种情景 R^2 分别为 0.943 和 0.983,相关性较高。

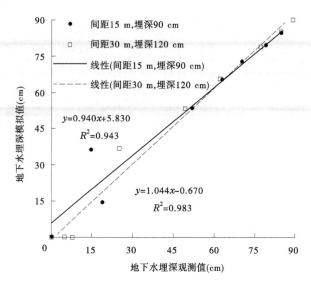

图 5-11 地下水埋深模拟值与观测值对比

5.3 实例分析

本节使用耦合模型对两个末级排水工程优化布置实例进行具体分析,通过优化实例具体描述优化过程和结果,并分析方法的可行性。使用两种排水指标约束形式(基于单次暴雨的排渍约束,基于排渍保证率的约束)对排水工程进行优化。为便于结果的分析,首先固定排水管埋设深度 H,基于单次暴雨对排水管间距 D 进行优化,然后对排水管埋设深度 H 和排水管间距 D 进行同时优化。最后使用长系列资料,基于排渍保证率约束,分别分析90%及95%保证率时的末级排水工程最优布置方案。

5.3.1 优化过程

与前面两章的模型相似,本章的优化模型中嵌入了排水模拟模型,也需要使用迭代法求解,过程见图 5-12。

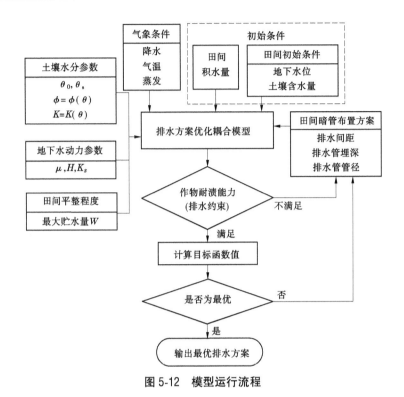

图 5-12　模型运行流程

（1）整理基础资料并代入耦合模型：田间情况（田块大小、坡度、平整程度）、土壤（最大含水量、最小含水量、土壤水分特征曲线、土壤传导度曲线）、地下水（给水度、含水层厚度、渗透率）等。

（2）整理田间初始土壤含水量及田间积水深度等数据的分布情况并输入耦合模型。

（3）输入气象资料，把 1951~2016 年的气象数据转换成所需格式输入 DRAINMOD 模型中，在运行时输入不同的模拟时间段，程序会自动读取相应的气象数据。

（4）根据不同的排水系统布置形式（暗管埋设深度、间距、直径等），调用 DRAINMOD 模型模拟田间地下水埋深变化过程。

（5）使用作物耐渍能力约束及不同的排水指标对运行结果进行判

断,基于单次暴雨的排渍约束时,直接得出单次暴雨后的地下水埋深变化过程,判断是否满足作物耐渍能力(5.2.2.2 中给出了 3 d 地下水深降到 50 cm);基于排渍保证率的约束时,要得到多年(1951~2016 年)的地下水埋深变化过程,并计算保证率值。

(6)对满足约束条件的结果计算目标函数值,并判断是否达到最优值。若达到最优值,则输出排水工程布置方案。

5.3.2　基于单次暴雨固定埋深的排水工程优化布置

首先分析固定埋深 H 的排水工程优化方案。令 $H = 90$ cm,通过调整末级排水管间距,使满足排渍要求的末级排水工程投资最小。把 $H = 0.9$ m 代入式(5-5)中,可得:

$$z = (0.4 \times 0.9 \times 13.1 + 12) \times \frac{667}{D} \qquad (5-8)$$

$$z = \frac{11\,149.572}{D} \qquad (5-9)$$

这样,上面的排水工程寻优就变成了一元优化问题,先选择 $D = 20$ m,$H = 90$ cm 代入 DRAINMOD 模型进行试算,结果见图 5-13,由于该结果为单次暴雨(129.5 mm)的排水过程,要满足排水控制条件——3 d 内地下水埋深降至 50 cm,只需看 6 月 28 日的地下水埋深值,$D = 20$ m,$H = 90$ cm 情况下,$S_{06\text{-}28} = 51.98$ cm。

对不同排水管间距 D 的情况进行模拟试算,得到 6 月 28 日地下水埋深结果,见表 5-2。

表 5-2　不同排水间距地下水埋深值 $S_{06\text{-}28}$

排水管间距 D(m)	地下水埋深 $S_{06\text{-}28}$(cm)
18	58.67
19	55.28
20	51.98
21	48.66
22	45.39

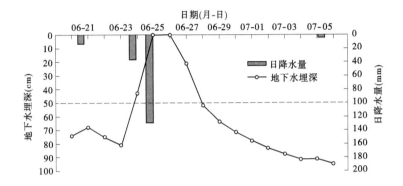

图 5-13　地下水埋深变化过程($D=20$ m, $H=90$ cm)

　　从表 5-2 的结果看，地下水埋深值 $S_{06\text{-}28}$ 对排水管间距 D 是单调减函数，所以可以使用二分法求方程 $S_{06\text{-}28}(D)=50$ cm 的根。经过迭代求解得到最优值为 $D=20.60$ m、$S_{06\text{-}28}=50.00$ cm。计算目标函数值末级排水工程投资 $z=541.24$ 元/亩。固定埋深 $H=90$ cm 的最优方案排水过程见图 5-14。

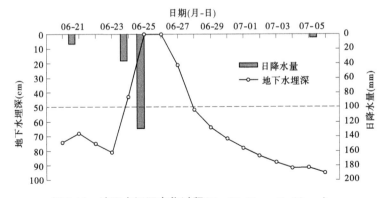

图 5-14　地下水埋深变化过程($D=20.60$ m, $H=90$ cm)

5.3.3　基于单次暴雨非固定埋深的排水工程优化布置

现在分析埋深 H 和埋设间距 D 同时优化的排水工程优化方案,把 $B=0.4$ m、$B=0.6$ m 和 $B=0.7$ m,$p_1=13.1$ 元/m³,$p_2=12$ 元/m 代入式(5-5)中,可得:

$$z = \begin{cases} \dfrac{(3\,495.08 \times H + 8\,004)}{D} & (0 < H \leqslant 1.1) \\[3mm] \dfrac{(5\,242.62 \times H + 8\,004)}{D} & (1.1 < H \leqslant 1.3) \\[3mm] \dfrac{(6\,116.39 \times H + 8\,004)}{D} & (1.3 < H \leqslant 1.5) \end{cases} \quad (5\text{-}10)$$

要满足排水控制条件——3 d 内地下水埋深降至 50 cm,只需看 6 月 28 日的地下水埋深值。所以,选择一定范围内的 H 和 D 先进行试算,观察 $S_{06\text{-}28}$ 随 H 和 D 的变化规律。通过试算得到了 62 个模拟值,绘制成等值线,见图 5-15。

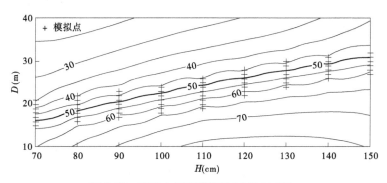

图 5-15　地下水埋深等值线(6 月 28 日)

用式(5-10)计算各种末级排水系统布置方案的单位面积投资,并绘制等值线,见图 5-16。

从图 5-16 中可以看出,满足 $S_{06\text{-}28}=50$ cm 的目标函数 z 在排水管安装深度区间 100~120 cm 内存在最小值。通过二分法计算 $S_{06\text{-}28}=50$ cm 时的各种埋深的排水管间距 D 值,并计算目标函数 z 值,见图 5-17。

可以看出,排水管埋设 110 cm 时目标函数值最小,$z = 485.20$ 元/亩,$D = 24.42$ m。最优方案地下水埋深变化过程见图 5-18。

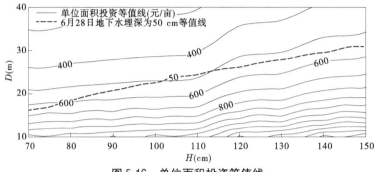

图 5-16　单位面积投资等值线

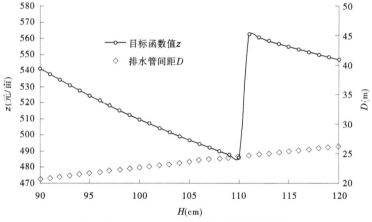

图 5-17　$S_{6-28} = 50$ cm 各排水管间距及投资

　　固定埋深 90 cm 得出的投资 $z = 541.24$ 元/亩,与固定埋深 90 cm 相比,非固定埋深的投资 $z = 485.20$ 元/亩,减少 56.04 元/亩 (10.4%)。两方案排水效果基本相同,都能在 3 d 内把地下水埋深降至 50 cm 以下。

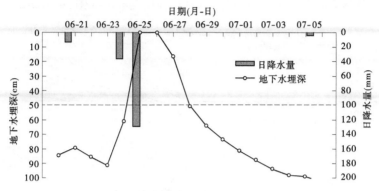

图 5-18　地下水埋深变化过程($D = 24.42$ m,$H = 110$ cm)

5.3.4　90%排渍保证率的排水工程优化布置

使用长系列资料,基于排渍保证率为90%的约束,分析末级排水工程最优布置方案。使用66年(1951~2016年)的气象资料,90%保证率应该是66年中有59.4年(取59年)满足暴雨3 d后地下水埋深降至50 cm。

首先选择一些试算点($D = 13$~50 m,$H = 70$~150 cm),计算保证率并绘制等值线图,见图5-19。等值线大体趋势为:排渍保证率随排水管间距D的增大而减小;随排水管埋设深度H的增大而增大。

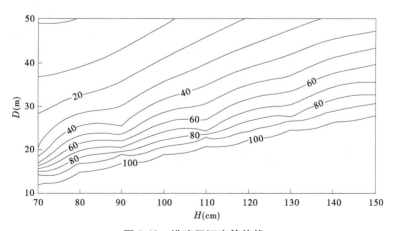

图 5-19　排渍保证率等值线

计算各种排水方案的目标函数值,并绘制等值线图,见图 5-20。

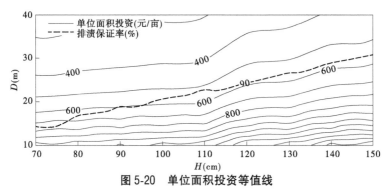

图 5-20　单位面积投资等值线

满足排渍保证率为 90% 约束时,目标函数 z 在排水管安装深度 100~120 cm 区间内存在最小值。通过二分法计算排渍保证率为 90% 时(有 59 年满足排水条件——降水后 3 d 地下水埋深降至 50 cm)的各种埋深的排水间距 D 值,并计算目标函数 z 值,见图 5-21。

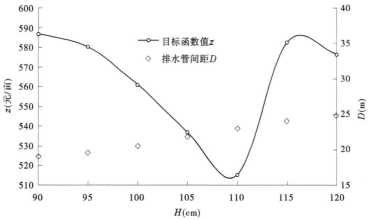

图 5-21　90%排渍保证率排水管间距及投资随埋设深度变化曲线

从图 5-21 中可以看出,排水管埋设 110 cm 时目标函数值最小,$z=$ 515.16 元/亩,$D=23.00$ m。

5.3.5　95%排渍保证率的排水工程优化布置

使用长系列资料,基于排渍保证率为 95%的约束,分析末级排水工程最优布置方案。使用 66 年的气象资料,95%保证率应该是 66 年中有 62.7 年(取 63 年)满足暴雨 3 d 后地下水埋深降至 50 cm。计算各种排水方案的目标函数值,绘制等值线,见图 5-22。

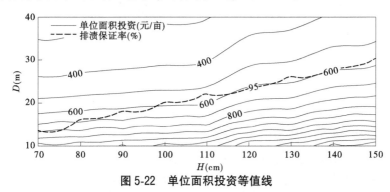

图 5-22　单位面积投资等值线

满足排渍保证率为 95%约束时,目标函数 z 在排水管安装深度 $100 \sim 120$ cm 区间内存在最小值。通过二分法计算排渍保证率为 95% 时(有 63 年满足排水条件——降水后 3 d 地下水埋深降至 50 cm)的各种埋深的排水间距 D 值,并计算目标函数 z 值,见图 5-23。

可以看出,排水管埋设 110 cm 时目标函数值最小, $z = 537.35$ 元/亩, $D = 22.05$ m。

5.3.6　结果分析

比较 5.3.2 和 5.3.3 两部分可以看出,固定排水管埋深 $H = 90$ cm, 得到满足约束条件的最小末级排水工程投资为最优值,为 $z = 541.24$ 元/亩,排水管间距 $D = 20.60$ m。当排水管埋设深度 H 和排水管间距 D 同时优化时,可以得到 $H = 110$ cm, $D = 24.42$ m, $z = 485.20$ 元/亩。

从排水过程看,排水管埋深增大,可以增加排水管安装间距,同时减少末级排水系统的投资。比较图 5-14 和图 5-18 可以看出,两种方案的 $S_{06\text{-}28}$(降水后 3 d 6 月 28 日的地下水埋深)都为 50 cm,但是两方案

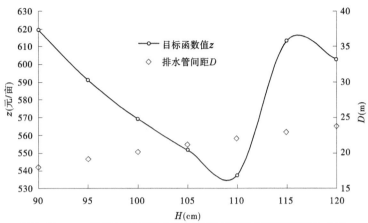

图 5-23　95%排渍保证率排水管间距及投资随埋设深度变化曲线

排水过程略有区别,H=90 cm 的方案降水后 2 d 的地下水埋深 $S_{06\text{-}27}$ = 18.55 cm,H=110 cm 方案的 $S_{06\text{-}27}$ = 16.48 cm。也就是说,排水管埋深浅、间距小的方案,前期排水快。这是因为排水间距 D 小,排水路径短,前期排水较快,但是随着地下水埋深增大,浅埋方案的水力梯度相对减少较多。

从投资看,H=90 cm 方案比 H=110 cm 方案投资多 56.04 元/亩(10.4%)。观察图 5-16 和图 5-17 可以看出,在分段函数[式(5-10)]的同一段内,从投资的角度看,排水管深埋可以相应地减少投资。

比较 5.3.4 和 5.3.5 两部分可以看出,95%排渍保证率的最优方案 H=110 cm,D=22.05 m,z=537.35 元/亩。90%排渍保证率的最优方案 H=110 cm,D=23.00 m,z=515.16 元/亩。降低 5%的排水保证率,可以减少投资 22.19 元/亩(4.13%)。

从排渍保证率等值线(见图 5-19)看,从等值线图的左上到右下,保证率依次增加,这与平常的认识相同;但是等值线并非光滑曲线,这是由于保证率由满足条件的年数计算得出,而计算得到与保证年数相应的 H 和 D 并非均匀增加。

从优化方案看,最优结果 H=110 cm 都为"浅密型"埋设方式,这是由于目标函数是分段函数,而各地的土质不同,开挖宽度就有所不同,目标函数的具体形式也有所区别。书中结果的暗管埋设方式有利于水资源利用,并能减小农业非点源污染[159]。

从寻优过程看,5.3.2部分固定埋深 H 优化为一元函数寻优,可以用二分法进行寻优计算;其他3种排水模式都为二元函数寻优,本书是先用约束条件(5.3.3部分使用 $S_{06\text{-}28}$ = 50 cm,5.3.4部分及5.3.5部分使用排渍保证率)把 H 和 D 结合起来,再进行寻优计算。

5.4　本章小结

本章针对旱涝交替区灌区排水工程优化设计问题,建立了排水工程优化耦合模型,并使用二分法等对耦合模型进行了迭代求解,得出了基于单次暴雨及排渍保证率的田间末级排水系统最优布置形式,具体如下:

(1)通过对4种不同约束条件的排水管间距优化问题进行探讨,得到了各种约束情况的最优布置结果,可以作为排水工程规划参考。

(2)在目标函数的同一段内,排水管间距越大,末级排水系统的投资越低,但是从排水效果上看,"浅密型"安装方式有利于快速排水及地下水资源的利用。

(3)使用本章的方法进行排水系统设计,可以提高易涝地区农田水分管理水平,减少农田渍害损失。

(4)书中使用的寻优方法效率较低,下一步要开发更高效的程序进行寻优计算。

第 6 章　结论与建议

6.1　结　论

构建了形式上统一、通用性较强的灌区水资源优化配置耦合模型，并针对井灌区井群布局、井渠结合灌区地下水与地表水联合调度及旱涝交替灌区排水系统规划等三类典型灌区的突出问题，分别构建应用不同的目标函数、嵌入相应的水资源模拟模型并采用两阶段法、二分法、遗传算法等方法进行深入分析。研究结论归纳如下：

（1）构建用于灌区水资源调度优化的耦合模型。

归纳提出了灌区水资源优化配置模型的目标函数和约束条件，并分别确定了三类典型灌区水资源优化配置的目标函数，建立了三种类型灌区水资源优化问题统一的耦合模型，模型中水资源模拟模型作为约束条件嵌入优化模型中，两模型应用公共变量进行参数传递，并给出了适用于典型灌区水资源优化配置耦合模型的求解方法。

（2）优化了北方典型井灌区的井群布局。

通过构建井群位置优化耦合模型，并使用逐井迭代方法对井群位置优化问题进行探讨，与传统井距方法得到的结果相比，可有效降低井群能耗。单次优化结果发现：灌溉定额（平水年灌溉定额 225 mm）偏大，若要保持该地区水资源平衡，应减少灌溉用水，使用滴灌等更节水的技术。对井灌区井群布局进行规划，与传统井距方法得到的结果相比，机井平均降深减少 13.55 cm。使用黄金分割法求解耦合模型是可行的，采用耦合模型并考虑井灌区具体水文地质条件及补给条件进行优化，可以使水源地规划更为科学合理。

（3）提出了人民胜利渠灌区地下水与地表水联合调度方案。

通过构建灌区地下水与地表水联合调度耦合模型，并使用逐格优化方法进行寻优,可以节约灌水成本 74.31 万元/年,通过优化计算得到的井渠分布,可以防止上游地下水位持续上升,减小土地次生盐碱化风险,防止局部地区的地下水位持续下降,防止形成地下水开采漏斗,提高水资源的利用效率和效益。

(4)进行了旱涝交替灌区排渍系统田间排水暗管的优化设计。

通过构建排渍系统优化耦合模型,并使用二分法等对耦合模型进行了迭代求解,得出了基于单次暴雨及排渍保证率的田间末级排水系统最优布置形式,可供排水工程规划参考。在目标函数的同一段内,排水管间距越大,末级排水系统的投资越低,但是从排水效果上看,"浅密型"布置方式有利于快速排水及地下水资源的利用。

6.2　本书创新点

在前人研究的基础上,本书构建了形式统一、通用性较强的灌区水资源优化配置耦合模型,并对三种类型灌区水资源优化配置中的典型问题分别进行优化分析,与前人研究相比,有以下创新点:

(1)充分考虑灌区水资源优化配置模型和水资源模拟模型的优点,将二者有机耦合,构建了形式统一、通用性较强的灌区水资源优化配置耦合模型,实现了灌区水资源的时空优化配置。

(2)对构建的井灌区机井位置优化耦合模型选择逐井两阶段法进行求解,结果与传统几何方法相比,可以降低综合提水能耗。

(3)对构建的地下水与地表水联合调度耦合模型应用逐井遗传算法进行求解,结果与目前管理模式相比,可以减少灌区灌溉总费用。

6.3　建　议

由于研究时间有限,本书仍存在一些问题,要在以后的工作中进一步完善,具体如下:

(1)灌区水资源优化配置是一项十分复杂的系统工程,需要深入研究的内容也十分广泛。由于基础资料收集的局限性,建立的耦合模型还需进一步完善,对水资源系统概化较多,只考虑几个主要参数,对系统具体渠系未详细研究,今后模型建立要尽可能地考虑多种因素。

(2)虽然建立了形式统一的模型,但是求解方法各异,并且求解时需要人为干预迭代过程。下一步要对模型的求解自动化进行研究,编写自动迭代程序。

参考文献

[1] 中国灌溉排水发展中心,水利部农村饮水安全中心. 中国灌溉排水发展研究报告[M]. 水利部,2016.

[2] 冯广志. 灌区节水改造规划[M]. 北京:中国水利水电出版社,2004.

[3] 姚素梅,朱晓翔. 我国农业可持续发展的水问题及对策[J]. 中国人口·资源与环境,2005, 15(1): 125-128.

[4] Khandelwal S S, Dhiman S D. Optimal allocation of land and water resources in a canal command area in the deterministic and stochastic regimes[J]. Water Resources Management An International Journal Published for the European Water Resources Association, 2018, 32(5):1569-1584.

[5] 金鑫. 灌区水资源高效利用评价的研究[D]. 郑州:华北水利水电大学, 2016.

[6] 张伟东. 面向可持续发展的区域水资源优化配置理论及应用研究[D]. 武汉:武汉大学, 2004.

[7] 邱元锋,罗金耀,孟戈. 地下水观测井网优化设计[J]. 水文地质工程地质, 2002(6): 38-41.

[8] 孟祥帅. 区域地下水观测井网优化方法研究[D]. 北京:中国地质大学(北京), 2012.

[9] 刘志峰,王琳琳,林洪孝. 优选抽水试验观测孔井位的系统模糊决策模型研究[J]. 中国岩溶, 2012, 31(2): 160-164.

[10] 王红雨,全达人. 井灌区规划井距的确定方法[J]. 灌溉排水, 1995, 14(4): 41-44.

[11] 胡艳玲,齐学斌,黄仲冬,等. 基于补排平衡法的井渠结合灌区机井数量研究[J]. 灌溉排水学报, 2015, 34(8): 17-21.

[12] 石作福,任金峰. 德州市浅层机井布局优化设计[J]. 中国农村水利水电, 2000(10): 7-9.

[13] 宋艳芬,刘春辉,付强. 三江平原井灌水稻区农用机井的优化设计[J]. 农机化研究, 2003(2): 129-130.

[14] 陶帅,郝永卯,周杰,等. 透镜体低渗透岩性油藏合理井网井距研究[J]. 岩性

油气藏, 2018, 30(5): 116-123.

[15] 张远东, 魏加华, 邵景力, 等. 0-1 整数规划在水源地开采井最优布局中的应用研究[J]. 第四纪研究, 2002, 22(2): 141-147.

[16] 王艳芳. 井灌井排区机井运行的优化调度[J]. 灌溉排水, 1998, 17(2): 22-24.

[17] 陶国玉, 万鹤群. 藁城县井灌区农田机井布局优化[J]. 北京农业机械化学院学报, 1985(3): 1-10.

[18] 李彦刚, 魏晓妹, 蔡明科, 等. 基于供需水量平衡分析的灌区机井布局模式[J]. 排灌机械工程学报, 2012, 30(5): 614-620.

[19] Wang Y, Duan M, Xu M, et al. A mathematical model for subsea wells partition in the layout of cluster manifolds[J]. Applied Ocean Research, 2012, 36(3): 26-35.

[20] 吴丹. 井灌区农用机井的空间布局优化研究[D]. 西安: 西安科技大学, 2014.

[21] 吴丹, 吉红霞, 刘玉, 等. 华北平原土地整治项目区农用机井的空间布局优化[J]. 经济地理, 2015, 35(6): 154-160.

[22] Chen J, Jiang F. Designing multi-well layout for enhanced geothermal system to better exploit hot dry rock geothermal energy[J]. Renewable Energy, 2015, 74(1): 37-48.

[23] 张嘉星. 基于 GIS 的井渠结合灌区机井空间布局优化研究[D]. 北京: 中国农业科学院, 2017.

[24] 张伟, 张爱军, 邢义川, 等. 机井和地下水位对坎儿井水量影响的数值模拟[J]. 排灌机械工程学报, 2015, 33(5): 442-449.

[25] 霍洪元. 三江平原梧桐河灌区地表水地下水优化调度方案研究[D]. 哈尔滨: 东北农业大学, 2007.

[26] 李彦刚, 刘小学, 魏晓妹, 等. 宝鸡峡灌区地表水与地下水联合调度研究[J]. 人民黄河, 2009, 31(3): 65-67, 69.

[27] 杨慧丽. 灌区引黄水和地下水联合运用的最优规划[J]. 节水灌溉, 2010(10): 72-74.

[28] 张巧玉. 地表水与地下水联合利用技术研究[D]. 郑州: 华北水利水电学院, 2009.

[29] Ye Q, Li Y, Zhuo, et al. Optimal allocation of physical water resources integrated with virtual water trade in water scarce regions: a case study for Bei-

jing, China. [J]. Water Research, 2018, 129:264-276.

[30] Fu Q, Li T, Cui S, et al. Agricultural multi-water source allocation model based on interval two-stage stochastic robust programming under uncertainty[J]. Water Resources Management, 2018, 32(4):1261-1274.

[31] 王航,郭萍,张帆. 基于双区间规划的武威市民勤县3种作物灌溉水量优化模型研究[J]. 中国农业大学学报, 2018, 23(2): 72-78.

[32] Young R A, Bredehoeft J D. Digital computer simulation for solving management problems of conjunctive groundwater and surface water systems[J]. Water Resources Research, 1972, 8(3):533-556.

[33] Maddock, Thomas. The operation of a stream-aquifer system under stochastic demands[J]. Water Resources Research, 1974, 10(1):1-10.

[34] 陈大春. 新疆焉耆盆地地表水、地下水联合调度应用研究[D].乌鲁木齐: 新疆农业大学, 2000.

[35] 罗育池,靳孟贵. 地表水—地下水联合水功能区划分方法研究[J]. 安徽农业科学, 2010, 38(19): 10075-10077, 10087.

[36] 高玉芳,陈耀登,冯宝平. 沿海缺水灌区地表水地下水联合调配管理信息系统[J]. 南京信息工程大学学报(自然科学版), 2011, 3(6): 519-523.

[37] 鲍卫锋,黄介生,陈玲,等.地表水地下水联合运用模拟模型[J]. 中国农村水利水电, 2003(6): 45-47.

[38] 徐小元,方卫民,黄强,等. 再生水灌区水资源联合调度研究[J]. 干旱地区农业研究, 2010, 28(4): 228-232.

[39] 叶勇,谢新民,柴福鑫,等. 北方小流域地表水与地下水联合开发新模式探讨[J]. 水利水电科技进展, 2010, 30(2): 36-39.

[40] 曲兴辉. 基于平原水库的地表水和地下水联合调控模式研究[J]. 水利水电技术, 2004, 35(2): 12-14.

[41] 杨丽丽,王云霞,谢新民,等. 基于地表水和地下水联合调控的水资源配置模型研究[J]. 水电能源科学, 2010, 28(7): 23-26.

[42] 岳卫峰,杨金忠,朱磊. 干旱灌区地表水和地下水联合利用耦合模型研究[J]. 北京师范大学学报(自然科学版), 2009, 45(Z1): 554-558.

[43] 岳卫峰,杨金忠,占车生. 引黄灌区水资源联合利用耦合模型[J]. 农业工程学报, 2011, 27(4): 35-40.

[44] Wurl J, Imaz-Lamadrid M A. Coupled surface water and groundwater model to design managed aquifer recharge for the valley of Santo Domingo, B. C. S. Mexico

[J]. Sustainable Water Resources Management, 2018, 4(2):1-9.

[45] Yu W, Haimes Y Y. Multilevel optimization for conjunctive use of groundwater and surface water[J]. Water Resources Research, 1974, 10(4):625-636.

[46] 齐学斌,赵辉,王景雷. 商丘试验区引黄水、地下水联合调度大系统递阶管理模型研究[J]. 灌溉排水, 1999, 18(4): 36-39.

[47] 徐建新,张亮,马喜堂,等. 彭楼灌区多水源联合优化调配模型建立与应用[J]. 沈阳农业大学学报, 2004, 35(Z1): 555-557.

[48] 褚桂红. 涝河灌区地表水地下水联合调度模型及应用研究[D]. 西安: 西安理工大学, 2010.

[49] 李彦彬,徐建新,黄强. 灌区地表水和地下水联合调度模型研究[J]. 沈阳农业大学学报, 2006, 37(6): 884-889.

[50] Brandyk T, Skapski K, Szatylowicz J. Design and operation of drainage-subirrigation systems in Poland[J]. Irrigation & Drainage Systems, 1993, 7(3):173-187.

[51] Tanji K K, Kielen N C. Agricultural drainage water management in arid and semi-arid areas[J]. Fao Irrigation & Drainage Paper, 2002.

[52] 罗纨,朱金城,贾忠华,等. 排水沟塘分布特性及与农田水力联系对水质净化能力的影响[J]. 农业工程学报, 2017, 33(10): 161-167.

[53] 景卫华,罗纨,贾忠华,等. 砂姜黑土区多目标农田排水系统优化布置研究[J]. 水利学报, 2012, 43(7): 842-851.

[54] 景卫华. 农田排水系统管理及氮素流失模拟研究[D]. 西安: 西安理工大学, 2010.

[55] 孙玲玉. 内蒙古河套灌区非点源污染物分布规律及农田排水模拟[D]. 呼和浩特: 内蒙古农业大学, 2014.

[56] 张登科,王军尚,张晋. 平原河网区以提高产量为目标的农田排水系统优化布置[J]. 西部大开发(土地开发工程研究), 2017, 2(6): 24-30.

[57] 刘文龙,罗纨,杨玉珍,等. 黄河三角洲暗管排水系统排水效果模拟研究[J]. 水资源与水工程学报, 2013, 24(1): 30-34.

[58] 代涛. 西北干旱区水盐动态模拟及排水优化模型研究[D]. 武汉: 武汉大学, 2004.

[59] 王振龙. 安徽淮北地区农田排灌和水资源优化配置研究[D]. 合肥: 合肥工业大学, 2003.

[60] 李慧伶. 农田排水指标与排水工程最优规模的研究[D]. 武汉: 武汉大学,

2005.

[61] Lian J, Xu H, Xu K, et al. Optimal management of the flooding risk caused by the joint occurrence of extreme rainfall and high tide level in a coastal city[J]. Natural Hazards, 2017, 89(1):183-200.

[62] Patel J N, Desai M. Optimum diameter of groundwater recharge well conjunction with storm water drainage system[J]. Ksce Journal of Civil Engineering, 2017, 22(8):1-9.

[63] Veintimilla-Reyes J, Meyer A D, Cattrysse D, et al. A linear programming approach to optimise the management of water in dammed river systems for meeting demands and preventing floods[J]. Water Science & Technology Water Supply, 2017:ws2017144.

[64] 王振龙. 淮北农灌区水资源利用线性规划模型[J]. 治淮, 2003(5):27-29.

[65] 辛芳芳, 梁川. 基于模糊多目标线性规划的都江堰灌区水资源合理配置[J]. 中国农村水利水电, 2008(4):36-38.

[66] 崔振才, 于纪玉, 王启田. 模糊约束线性规划在日照区域水资源承载能力评价中的应用研究[J]. 水力发电学报, 2012, 31(2):27-32.

[67] 凌和良. 区域水资源承载力模糊线性规划模型及应用[J]. 数学的实践与认识, 2008, 38(24):103-106.

[68] 荆海晓, 李小宝, 房怀阳, 等. 基于线性规划模型的河流水环境容量分配研究[J]. 水资源与水工程学报, 2018, 29(3):34-38,44.

[69] Gauvin C, Delage E, Gendreau M. A successive linear programming algorithm with non-linear time series for the reservoir management problem[J]. Computational Management Science, 2018, 15(1):55-86.

[70] Zhang C, Guo P. An inexact CVaR two-stage mixed-integer linear programming approach for agricultural water management under uncertainty considering ecological water requirement[J]. Ecological Indicators, 2017.

[71] Kang C, Guo M, Wang J. Short-term hydrothermal scheduling using a two-stage linear programming with special ordered sets method[J]. Water Resources Management, 2017, 31(11):3329-3341.

[72] 董一博, 张海行, 李振伟. 基于线性规划法的太子河辽阳段水环境容量研究[J]. 水利科技与经济, 2016, 22(1):12-14.

[73] Arunkumar R, Jothiprakash V. A multiobjective fuzzy linear programming model for sustainable integrated operation of a multireservoir system[J]. Lakes & Reser-

voirs Research & Management, 2016, 21(3):171-187.

[74] Whiteside M M, Choi B, Eakin M, et al. Stability of linear programming solutions using regression coefficients[J]. Journal of Statistical Computation & Simulation, 2016, 50(3-4):131-146.

[75] Sakellariou-Makrantonaki M, Tzimopoulos C, Giouvanis V. Linear programming application for irrigation network management-implementation in the irrigation network region of pinios (central treece)[J]. Irrigation & Drainage, 2016, 65(4): 514-521.

[76] Safavi H, Geranmehr M A. Optimization of sewer networks using the mixed-integer linear programming[J]. Urban Water Journal, 2016, 14(5):452-459.

[77] Gaiqiang Yang, Ping Guo, Mo Li, et al. An improved solving approach for interval-parameter programming and application to an optimal allocation of irrigation water problem[J]. Water Resources Management, 2016, 30(2):1-29.

[78] Ajay Singh. Optimal allocation of resources for increasing farm revenue under hydrological uncertainty[J]. Water Resources Management, 2016, 30(7):2569-2580.

[79] 李晨洋,张志鑫.基于区间两阶段模糊随机模型的灌区多水源优化配置[J].农业工程学报,2016,32(12):107-114.

[80] Leong Y T, Tan R R, Aviso K B, et al. Fuzzy analytic hierarchy process and targeting for inter-plant chilled and cooling water network synthesis[J]. Journal of Cleaner Production, 2016, 110:40-53.

[81] Oxley R L, Mays L W, Murray A. Optimization model for the sustainable water resource management of river basins[J]. Water Resources Management, 2016, 30(9):3247-3264.

[82] 舒琨. 水污染负荷分配理论模型与方法研究[D]. 合肥:合肥工业大学, 2010.

[83] Singh A. Optimization modeling for conjunctive use planning of surface water and groundwater for irrigation[J]. Journal of Irrigation & Drainage Engineering, 2016, 142(3):04015060.

[84] 熊德琪,陈守煜,任洁. 水环境污染系统规划的模糊非线性规划模型[J]. 水利学报, 1994(12): 22-30.

[85] 秦肖生,曾光明. 遗传算法在水环境灰色非线性规划中的应用[J]. 水科学进展, 2002, 13(1): 31-36.

[86] 冷湘梓,钱新,高海龙,等. 基于非线性规划模型的低污染水湿地净化方案优化技术[J]. 环境科学与技术, 2017, 40(2): 190-194.

[87] Ahmed Aljanabi, Larry Mays, Peter Fox. Optimization model for agricultural reclaimed water allocation using mixed-integer nonlinear programming[J]. Water, 2018, 10(10), 1291.

[88] Oliphant T L, Ali M M. A trajectory-based method for mixed integer nonlinear programming problems[J]. Journal of Global Optimization, 2017, 70(3):1-23.

[89] Chagwiza G. Formulation of a nonlinear water distribution problem with water rationing: an optimisation approach [J]. Sustainable Water Resources Management, 2016, 2(4):379-385.

[90] 邓春,史春峰,陈杰,等.耦合多个废水处理过程的再生再利用水网络优化设计[J].计算机与应用化学,2016,33(3):313-319.

[91] Higgins A, Archer A, Hajkowicz S. A stochastic non-linear programming model for a multi-period water resource allocation with multiple objectives[J]. Water Resources Management, 2008, 22(10):1445-1460.

[92] Li M, Fu Q, Singh V P, et al. An intuitionistic fuzzy multi-objective non-linear programming model for sustainable irrigation water allocation under the combination of dry and wet conditions[J]. Journal of Hydrology, 2017, 555(12):80-94.

[93] Tsang T H, Himmelblau D M, Edgar T F. Optimal control via collocation and non-linear programming[J]. International Journal of Control, 2016, 21(5):763-768.

[94] Oosterhaven J, Többen J. Wider economic impacts of heavy flooding in Germany: a non-linear programming approach[J]. Spatial Economic Analysis, 2017, 12(5):1-25.

[95] 申建建,张秀飞,王健,等.求解水电站日负荷优化分配的混合整数非线性规划模型[J].电力系统自动化,2018,42(19):34-40.

[96] 林高松,黄晓英.污染负荷优化分配的非线性规划模型[J].黑龙江环境通报,2016,40(4):34-37.

[97] Ibrić N, Ahmetović E, Kravanja Z. Mathematical programming synthesis of non-isothermal water networks by using a compact/reduced superstructure and an MINLP model[J]. Clean Technologies & Environmental Policy, 2016, 18(6):1-35.

[98] Yalcin E, Tigrek S. The tigris hydropower system operations: the need for an in-

tegrated approach[J]. International Journal of Water Resources Development, 2017:1-16.

[99] Warren A Hall, Nathan Buras. The dynamic programming approach to water-resources development[J]. Journal of Geophysical Research, 1961, 66(2):517-520

[100] Nathan Buras. Dynamic programming methods applied to watershed management problems[J]. Transactions of the Asabe , 1962 , 5 (1) :3-5

[101] Flinn J C, Musgrave W F. Development and analysis of input-output relations for irrigation water[J]. Australian Journal of Agricultural & Resource Economics, 2012 , 11 (1) :1-19

[102] 王二英,刘小山. 动态规划法确定灌溉用水定额[J]. 地下水, 2008, 30 (4): 80-83, 86.

[103] 余海鸥. 两阶段动态规划方法的水资源优化配置[J]. 内蒙古煤炭经济, 2017(11): 97, 112.

[104] Anvari S, Mousavi S J, Morid S. Stochastic dynamic programming-based approach for optimal irrigation scheduling under restricted water availability conditions[J]. Irrigation & Drainage, 2017, 66(4).

[105] Mirabzadeh M, Mohammadi K. A dynamic programming solution to solute transport and dispersion equations in groundwater[J]. Journal of Agricultural Science and Technology,2018, 8(3):233-241.

[106] Nozhati S, Sarkale Y, Ellingwood B R, et al. A modified approximate dynamic programming algorithm for community-level food security following disasters [C]//9th International Congress on Environmental Modelling and Software (Integrated Modelling and Scenario Development as Analytical Tools for Exploring the Food-Energy-Water Nexus),2018.

[107] Haguma D, Leconte R. Long-term planning of water systems in the context of climate non-stationarity with deterministic and stochastic optimization[J]. Water Resources Management, 2018, 32(5):1725-1739.

[108] Hui R, Herman J, Lund J, et al. Adaptive water infrastructure planning for nonstationary hydrology[J]. Advances in Water Resources, 2018, 118(8):83-94.

[109] Bashiazghadi S N, Afshar A, Afshar M H. Multi-period response management to contaminated water distribution networks: dynamic programming versus genetic

algorithms[J]. Engineering Optimization, 2017, 50(3):1-15.

[110] Robert M, Bergez J E, Thomas A. A stochastic dynamic programming approach to analyze adaptation to climate change-application to groundwater irrigation in India[J]. European Journal of Operational Research, 2017, 265(3):1033-1045.

[111] Guisández I, Pérez-Díaz J I, Wilhelmi J R. Influence of the maximum flow ramping rates on the water value[J]. Energy Procedia, 2016, 87:100-107.

[112] Rani D, Srivastava D K. Optimal operation of Mula reservoir with combined use of dynamic programming and genetic algorithm[J]. Sustainable Water Resources Management, 2016, 2(1):1-12.

[113] Saadat M, Asghari K. A cooperative use of stochastic dynamic programming and non-linear programming for optimization of reservoir operation[J]. Ksce Journal of Civil Engineering, 2017(10):1-8.

[114] Pereira Cardenal, Silvio J, Mo, et al. Joint optimization of regional water-power systems[J]. Advances in Water Resources, 2016, 92(4):200-207.

[115] 白涛,阚艳彬,畅建霞,等.水库群水沙调控的单—多目标调度模型及其应用[J].水科学进展,2016,27(1):116-127.

[116] 肖杨,邝录章.径流式水电厂实时优化调度系统研发[J].水力发电,2016,42(4):97-100,108.

[117] 吴京,陈晓燕,马细霞.小水电站常规调度图及优化对比研究[J].水利科技与经济,2016,22(9):1-4.

[118] 范强,田忠,唐南波,等.山区河流防洪避难逃生系统研究[J].中国农村水利水电,2017,(2):200-203.

[119] Davidsen C, Liu S, Mo X, et al. Optimizing basin-scale coupled water quantity and water quality management with stochastic dynamic programming[C]// EGU General Assembly Conference. EGU General Assembly Conference Abstracts, 2015.

[120] Galelli S, Turner S W D. What is the effect of interannual hydroclimatic variability on water supply reservoir operations? [C]// AGU Fall Meeting. AGU Fall Meeting Abstracts, 2015.

[121] Chase D V, Ormsbee L E. An alternate formulation of time as a decision variable to facilitate real-time operation of water supply systems[C]// Water Resources Planning and Management and Urban Water Resources. ASCE, 2015.

[122] 王丽萍,孙平,蒋志强,等. 并行多维动态规划算法在梯级水库优化调度中的应用[J]. 水电能源科学,2015,33(4):43-47,80.

[123] 孙平,王丽萍,蒋志强,等. 两种多维动态规划算法在梯级水库优化调度中的应用[J]. 水利学报,2014,45(11):1327-1335.

[124] Dantzig G B, Wolfe P. Decomposition rinciple for linear programs[J]. Operations Research, 1960, 8(1):101-111.

[125] Dantzig G B, Wolfe P. The decomposition algorithm for linear programs[J]. Econometrica, 1961, 29(4):767-778.

[126] Wolfe P, Dantzig G B. Linear programming in a Markov Chain[J]. Operations Research, 1962, 10(5):702-710.

[127] 高延霞. 层次分析法在水利水电规划中的应用分析[J]. 中国高新技术企业,2016(23):123-124.

[128] 刘卫林. 基于聚合分解协调的多水源水资源合理调配研究[J]. 安徽农业科学,2011,39(18):11046-11050.

[129] Haimes Y Y. Hierarchial Analysis of Water Resources Systems: Modeling and Optimization of Large-Scale Systems[M]. New York:McGraw-Hill International Book Co.,1977.

[130] 刘健民,张世法,刘恒. 京津唐地区水资源大系统供水规划和调度优化的递阶模型[J]. 水科学进展, 1993, 4(2): 98-105.

[131] 袁洪州. 区域水资源优化配置的大系统分解协调模型研究[D]. 南京:河海大学, 2005.

[132] 陈鹏飞,顾世祥,谢波,等. 分解协调技术在水资源大系统优化配置中的应用[J]. 中国农村水利水电, 2006(11): 44-47.

[133] 陈晓楠,段春青,邱林,等. 基于粒子群的大系统优化模型在灌区水资源优化配置中的应用[J]. 农业工程学报, 2008, 24(3): 103-106.

[134] 苏明珍,董增川,张媛慧,等. 大系统优化技术与改进遗传算法在水资源优化配置中的应用研究[J]. 中国农村水利水电, 2013(11): 52-56.

[135] 王辉,杨宝中,于晶晶,等. 基于大系统多目标理论模型的区域水资源优化配置研究[J]. 节水灌溉, 2014(3):41-44.

[136] Young R A, Bredehoeft J D. Digital Computer simulation for solving management problems of conjunctive ground and surface water system[J]. W.R.R., 1972, 8(3):553-556.

[137] 翁文斌,邱培佳. 地面水、地下水联合调度动态模拟分析方法及应用[J].

水利学报, 1988(2): 1-10.

[138] 彭世彰,王莹,陈芸,等. 灌区灌溉用水时空优化配置方法[J]. 排灌机械工程学报, 2013, 31(3): 259-264.

[139] 石玉波,朱党生. 地表地下水联合管理模型及优化方法研究综述[J]. 水利水电科技进展, 1995, 14(4): 17-22.

[140] Buras N. Conjunctive operation of dams and aquifers[J]. Journal of the Hydraulics Division, 1963, 89:111-131.

[141] Buras N. A three-dimensional optimization problem in water-resources engineering[J]. Journal of the Operational Research Society, 1965, 16(4):419-428.

[142] 袁宏源. 地面水与地下水联合利用的数学模型——人民胜利渠最优运行策略的研究[J]. 武汉水利电力学院学报, 1984(4): 157-167.

[143] 袁宏源,刘肇祎. 高产省水灌溉制度优化模型研究[J]. 水利学报, 1990(11): 1-7.

[144] 岳卫峰,杨金忠,朱磊. 干旱灌区地表水和地下水联合利用耦合模型研究[J]. 北京师范大学学报(自然科学版), 2009, 45(Z1): 554-558.

[145] 岳卫峰,杨金忠,占车生. 引黄灌区水资源联合利用耦合模型[J]. 农业工程学报, 2011, 27(4): 35-40.

[146] Thomas Maddoek III. Algebraic technological function from a simulation model [J]. W. R. R. , 1972,8(1):129-134.

[147] Haimes Y Y, Dreizin Y C. Management of ground water and surface water via decomposition[J]. W. R. R. , 1977,13(1):69-76.

[148] Morel-seytoux H J, Daly C J. A diserete kernel generator for stream-aquifer studies[J]. W. R. R. , 1975,11(4):253-260.

[149] Morel-seytoux H J. A simple case of conjunctive surface-ground water management[J]. Groundwater, 1975,13(6):506-515.

[150] Hantush M M. Chance-constrained model for management of stream-aquifer management[J]. J. W. R. Plan. &Manag. ASCE, 1989, 115(3): 259-277.

[151] 康永辉,王宝红. 线性规划法在水资源系统规划优化配置中的应用[J]. 科学之友, 2010(14): 6, 12.

[152] 郭卫星,卢国平. MODFLOW:模块化三维有限差分地下水流模型[M]. 南京大学地球科学系,1999.

[153] Skaggs R W. DRAINMOD Reference Report Methods for Design and Evaluation of Drainage-water Management Systems for Soil with High Water Tables[D].

North Carolina: North Carolina State University, 1988.

[154] Holland J H. Adaptation in natural and artificial systems[M]. 2nd ed. Cambridge: MIT Press,1992.

[155] 马永杰,云文霞. 遗传算法研究进展[J]. 计算机应用研究, 2012, 29(4): 1201-1206, 1210.

[156] 武汉水利电力大学.农田排水试验规范:SL 109—1995[S].北京:中国水利电力出版社,1997.

[157] 中华人民共和国水利部.农田排水工程技术规范:SL/T 4—1999[S].北京:中国水利电力出版社,2000.

[158] 王仰仁,段喜明,刘佩茹,等. 灌溉排水工程学[M].北京:中国水利水电出版社,2014.

[159] 陈诚,罗纨,贾忠华,等. 江苏沿海滩涂农田高降渍保证率暗管排水系统布局[J]. 农业工程学报, 2017, 33(12): 122-129.